4184 $\underline{233}$ Se - α - —

HISTOIRE

GÉNÉRALE
ET PARTICULIERE

DE L'ÉLECTRICITÉ,

O U

CE QU'EN ONT DIT DE CURIEUX
& d'amusant, d'utile & d'interessant, de
réjoüissant & de badin, quelques
Physiciens de l'Europe.

TROISIEME PARTIE.

A PARIS,

Chez ROLLIN, Quay des Augustins, à Saint
Athanase & au Palmier.

M. DCC. LII.

Avec Approbation & Privilége du Roi.

TABLE

De la premiere Partie.

Fin de la Table de la premiere Partie.

HISTOIRE

GENERALE ET PARTICULIERE

DE L'ÉLECTRICITÉ.

TROISIÉME PARTIE.

DE SES EFFETS SUR LE CORPS HUMAIN.

ENFIN nous touchons à cette célèbre question repétée par tant de bouches curieuses ou malignes, qui, jalouses des effets prodigieux de la vertu électrique, qu'ils ne peuvent envisager qu'avec étonnement en ignorant la cause, cherchent à se venger d'elle par un mépris, demandant d'un ton ironique & mocqueur, quelle peut être son utilité ? & à quoi aboutissent toutes les peines que l'on se donne, puisqu'on n'en peut tirer aucun avantage pour la société ?

Tel eſt le raiſonnement de certains eſprits orguëilleux & vains, qui, parce que ce ſecret de la nature ſurpaſſe leurs foibles connoiſſances & humilie leur amour-propre, croyent ſe faire un mérite en voulant jetter un verni de ridicule ſur ceux qui, par état ou par goût, s'efforcent de pénétrer dans cette nouvelle carriere. Mais pour leur abaiſſer un peu le ton, ne ſuffiroit-il pas de leur répondre, que quand même on ſeroit bien aſſûré que la vertu électrique n'auroit aucunes propriétés pour le ſoulagement des corps vivans, celles qu'on lui connoît d'ailleurs, ayant de quoi attirer toute notre admiration, & par-là étant très-propres à étendre nos connoiſſances, à enrichir l'ame de nouvelles notions & de plus grandes idées du Créateur tout-puiſſant; c'en ſeroit aſſez pour qu'indépendamment de tout autre uſage, nous duſſions les regarder comme très-dignes de notre attention.

Il eſt vrai que des eſprits altiers & biſarres, petits génies pour l'ordinaire, ne ſont pas ſuſceptibles de tels ſentimens; c'eſt pourquoi, il eſt à propos de retorquer leur raiſonnement, & de leur faire voir la fauſſeté & l'injuſtice de leurs reproches, en leur montrant l'aptitude de cette vertu à procurer des effets salutaires sur le corps humain, par les essais & les tentatives qu'on a faites en differentes contrées de l'Europe, dont plusieurs ont parfaitement réussi, & dont d'autres, quoiqu'elles n'ayent pas été aussi heureuses, ne laissent pas néanmoins de donner les plus grandes espérances pour l'avenir. Afin de traiter avec ordre cette matiere, nous commencerons par celles qui ont été faites à Paris.

DES EFFETS DE L'ÉLECTRICITÉ
Par rapport à la transpiration.

M. l'Abbé Nollet, comme on peut bien se l'imaginer, doit occuper ici une des premieres places, & il l'occupe en effet. Cet habile Physicien sentant de quelle utilité l'électricité seroit, si l'on pouvoit parvenir à des connoissances assez exactes de la maniere dont elle influe sur les corps, a commencé ses curieuses expériences, par éprouver si elle contribueroit en quelque chose à la transpiration ; persuadé que si cela étoit, on en tireroit déja un grand secours pour differentes maladies, où les sueurs insensibles sont très-nécessaires,

A ij

& où l'on ne parvient souvent que très-difficilement à les exciter, quelquefois même jamais comme il convient, par les autres moyens que la médecine indique.

D'abord pour agir avec prudence & par principe, il s'agissoit de sçavoir si l'électrisation pouvoit diminuer la masse des corps, ou changer leurs qualités. A cet effet notre Académicien fit construire une espéce de cage de trois grandes feüilles de taule disposées parallelement entr'elles, distantes l'une de l'autre d'environ un pied, & tenues aux quatre coins par des montans de fer; il suspendit cette cage par deux anneaux de métal à un gros cordon de soye tenu horisontalement. Là, il plaçoit tout ce qu'il vouloit électriser, & il y conduisoit l'électricité par le moyen d'une chaîne de fer, qui la recevoit du globe de verre. Deux hommes forts, que deux autres relevoient de tems en tems, faisoient tourner le globe, tandis qu'une troisiéme personne y tenoit les mains appliquées pour le frotter.

Cela fait, il commence par éprouver des liqueurs, ensuite des corps solides non organisés, tels que les fruits dé-

tachés de leurs arbres, les plantes fé-
parées de la terre, la chair des animaux
morts, &c. & pour fçavoir avec quelque certitude fi l'électricité étoit capable de changer le poids de tous les
corps, il en pefe deux de la même efpéce, & à peu près du même volume,
dont on tient compte par écrit. L'un
eft électrifé pendant quatre ou cinq
heures, & l'autre pendant tout ce tems-
là demeure dans le même lieu à l'écart,
après quoi on les pefe encore ; & fi le
corps électrifé fe trouve plus léger que
celui qui ne l'a pas été, il juge, & avec
fondement, que ce qui lui manque
pour égaler le poids de celui-ci, eft un
déchet qu'on doit attribuer à fon électrifation.

Le détail de femblables expériences
ne peut être que très-fatisfaifant ; c'eft
pourquoi nous ne nous ferons pas de
fcrupule de les rapporter ici fort au
long.

M. l'Abbé Nollet donc, après avoir
entrepris d'électrifer des liqueurs contenues dans des taffes ou capfules de
verre, dont l'ouverture avoit quatre
pouces de diametre, a trouvé que 4 onces d'eau de la Seine électrifées pendant
cinq heures, avoient fouffert un déchet

Liqueurs électrifées.

de 8 grains ; que 4 onces de la même eau non électrifées, avoient perdu pendant le même tems par la simple évaporation 3 grains, & qu'ainsi la difference qu'on pouvoit regarder, comme l'effet de l'électricité, étoit de 5 grains.

Les liqueurs suivantes ayant été éprouvées de même, & en pareille quantité ; il a remarqué que les differences ou déchets causés par l'électrisation, avoient été pour le vinaigre 2 grains ; l'eau chargée de nitre, 3 gr. L'urine fraîche, 7. Le lait nouveau, 4. L'huile d'olive, 0. L'esprit de térébentine, 7. L'esprit de vin, 8. L'esprit de sel ammoniac, 11. Le mercure, 0.

Mais une preuve bien sensible que l'ouverture du vaisseau contribue à l'évaporation, c'est que cet Académicien observe que les liqueurs susdites ayant été électrifées pendant dix heures de suite, dans des vaisseaux de verre & de fer-blanc bien bouchés, elles avoient été pesées ensuite, comme auparavant, & qu'on n'y avoit trouvé aucune diminution sensible.

Ainsi l'on peut conclure de ces expériences, 1°. Que l'électricité augmente l'évaporation naturelle des liqueurs, puifqu'à l'exception du mercure qui eft trop pefant & de l'huile d'olive, dont les parties ont trop de vifcofité ; toutes les autres qui ont été éprouvées ont fouffert des pertes, qu'il n'eft guere poffible d'attribuer à d'autre caufe qu'à l'électricité. 2°. Que l'électricité augmente d'autant plus l'évaporation, que la liqueur fur laquelle elle agit, eft par elle-même plus évaporable. 3°. Que l'évaporation forcée par l'électricité, eft plus confidérable quand le vafe qui contient la liqueur eft plus ouvert ; mais que les effets n'augmentent pas fuivant le rapport des ouvertures.

M. l'Abbé Nollet prétend tirer encore de-là une quatriéme conclufion, qui eft que l'électrifation ne fait point évaporer les liqueurs à travers les pores du métal, ni à travers ceux du verre. Comme fuivant les apparences, c'eft fur ce fondement que cet Académicien a prétendu révoquer en doute les expériences de M. Pivati, dont nous parlerons dans peu ; il nous permettra, s'il lui plaît, d'appofer quelques modifications à fa propofition, & de la reftraindre dans de juftes bornes.

Que l'efprit-de-vin, de térébentine, de fel-ammoniac, ne fouffrent aucun déchet étant enfermés dans des vaiffeaux de verre, que l'on approche de la machine électrique pour leur communiquer l'électricité ; cela peut être, & nous en conviendrons même, s'il le faut, fur le rapport de M. l'Abbé Nollet ; mais conclure de-là que de pareils efprits enfermés dans un cylindre élecque ne puiffent pas paffer à travers le verre, & tranfmettre leur vertu ou leurs qualités, tandis que ce cylindre eft fortement électrifé, c'eft ce qui ne fe peut nullement déduire, & il n'eft pas difficile d'en appercevoir la différence.

Dans le premier cas, la vertu électrique qui fe communique aux efprits, entre & fort, il eft vrai, par les pores du métal ou du verre ; mais rien ne lui prépare les paffages, rien ne l'aide à mettre ces efprits en mouvement, à en détacher les parties fpiritueufes d'avec les autres : en un mot, rien ne concourt à la mettre en état de les emporter avec elle au travers des pores du métal, ou de la phiole dans laquelle ils font détenus. Au lieu que dans le fecond cas, c'eft-à-dire, lorfque ces efprits font inférés dans le cylindre électrique, tout concourt à les faire partir avec la vertu électrique ; le frottement d'une part difpofe les parois du verre à fe prêter à cet écoulement, en rendant fes pores plus perméables, en détachant un nombre infini de particules ignées, fulphureufes, bitumineufes, &c. que l'on diftingue aifément au tact & à l'odorat ; d'un autre côté ce frottement mettant les efprits inclus dans une viólente agitation, en fait féparer les parties les plus volatiles, lefquelles étant aidées par le mouvement & le reffort de l'air intérieur, fe détachent plus volontiers, & s'en fervent comme de véhicule pour paffer outre en outre le verre, dont ils trouvent les chemins libres, & les voyes déja applanies & dégagées.

C'eft donc envain que M. l'Abbé Nollet a voulu fe fervir de ce raifonnement fpécieux, pour effayer de détruire les expériences de M. Pivati, puifque les circonftances ne font du tout point les mêmes. Il eft fûr que fi cet Académicien eût fait ces réflexions, il fe fût abftenu de dire, page 329. de fes Recherches, après quelques épreuves par lui faites apparemment, fans

beaucoup de précaution : »Que M.
» Pivati avoit été trompé par quelque
» circonſtance à laquelle il n'avoit pas
» aſſez fait d'attention ; & que ce qui
» le confirmoit dans cette opinion étoit,
» qu'il paroiſſoit dans l'Ouvrage de M.
» Bamacarre, imprimé à Naples : *Ten-*
» *tamen de vi electricâ*, page 183. que
» M. Pivati avoue à ceux qui vont chez
» lui pour voir cette expérience, qu'il
» n'a jamais réuſſi qu'une fois à la faire
» telle qu'il l'a annoncée.

Quand ce témoignage ſeroit auſſi
ſolide, qu'il eſt équivoque, comme
nous le verrons par la ſuite ; il eſt
étonnant qu'un homme de la réputation & de l'habileté de M. l'Abbé Nollet, s'en fût tenu à l'autorité de M.
Bamacarre, qu'il regardoit lui-même
comme tout-à-fait novice & étranger
dans les expériences pratiques de l'é-
lectricité. Il ſemble qu'il eût été plus
convenable que cet Académicien ſe
fût adreſſé directement à M. Pivati, &
qu'il l'eût prié de lui envoyer un Jour-
nal exact des préparatifs néceſſaires,
& de la maniere dont il s'y étoit pris
pour réuſſir. Mais c'eſt un petit point
d'honneur parmi les Sçavans d'une
claſſe ſupérieure, de vouloir trouver

par eux mêmes, ou s'ils ne le peuvent, de nier le fait, perſuadés qu'ils ſont, qu'à la faveur de la confiance qu'on a en eux, ils donneront le ton. On ne peut pas dire néanmoins que M. l'Abbé Nollet ſe ſoit mis bien préciſément dans le cas; car on voit qu'il n'a pas fait difficulté de réformer ſa déciſion, lorſqu'il a été convaincu de la poſſibilité de la choſe par la guériſon du paralytique de Genéve, & du fait, par les Lettres qu'il reçut de Turin à ce ſujet, & dont nous rendrons compte.

La vertu électrique ne ſe borne pas à faire ſentir ſon impreſſion aux liquides, elle s'étend encore ſur les ſolides. Une Corps ſolides électriſés. poire de beurré blanc peſant environ 4 onces $\frac{1}{2}$ électriſée pendant 5 heures, perdit de ſon poids 6 grains; une pareille poire de même peſanteur non électriſée pendant le même eſpace, perdit o; difference qu'on peut attribuer à l'électricité 6 grains.

Une grape de raiſin blanc ayant été électriſée pendant le même eſpace de tems à peu près, perdit de ſon poids 7 grains; une éponge légérement humectée, 6. Un pied de baſilique fraîchement coupé, 5. Un morceau de chair de bœuf crue, 3. Un morceau de

chair de bœuf boüillie , 4. Un morceau
de mie de pain tendre ; 3. Deux œufs
frais ; 2. Un morceau de bois de chêne
fec , o. Un paquet de petits cloux de
fer , o.

On voit par ces dernieres expériences , que l'électricité fait diminuer le
poids des corps mêmes , qui ont la
confiftance des folides , pourvû cependant qu'ils contiennent quelque fuc ;
ou quelque humidité propre à s'évaporer , puifque les bois fecs & les mé-
taux qui n'en ont point , ne fouffrent
aucun déchet. Ainfi l'on conçoit aifément que les émanations électriques
occafionnent feulement cet effet , en
entraînant avec elles ce qui fe rencontre dans les pores des corps électrifés ,
qui peut obéir à leur mouvement &
fortir avec elles.

De ces effais fur des fubftances ina-
nimées , il étoit naturel de conclure
que la tranfpiration ou l'évaporation
des liquides , devoit avoir lieu également fur des corps animés. L'événement répondit à l'attente.

Corps ani-
més électri-
fés.

M. l'Abbé Nollet (que nous nous
ferons toujours gloire de citer toutes
les fois que l'occafion s'en préfentera)
ayant pris deux chats de quatre mois

ou environ , de même grandeur à peu
près , gardés depuis 12 heures dans le
même lieu & nourris des mêmes alimens, enferma chacun d'eux dans une
cage de bois fort légere , qu'il marqua
d'une lettre pour les diftinguer. Il pefa
chaque animal avec fa cage , & mit
fon poids par écrit ; il en plaça un fur
la cage de taule , où il fut électrifé
depuis fept heures du matin jufqu'à
midi , & l'autre demeura dans la même
chambre , mais à l'écart. Après cinq
heures d'électrifation non interrompue,
il pefa , comme auparavant , les deux
animaux avec leurs cages , dans lefquelles il n'apperçut aucun excrément ;
celui qu'on avoit électrifé avoit perdu
de fon premier poids, 2 gros 18 grains;
l'autre n'avoit perdu du fien , par la
tranfpiration ordinaire , qu'un gros &
24 grains , d'où il paroît que l'électricité avoit caufé fur le poids du premier
chat un déchet de 66 grains , qui eft
la difference de 2 gros 18 grains , à un
gros 24 grains.

Mais dans la fuppofition que peut Chats électriſés.
être la tranfpiration n'eût pas été égale
dans les deux chats , il leur fit changer
de fonction ; celui qui n'avoit pas été
électrifé le matin le fut pendant quatre

heures l'après-midi, & l'autre se repo-
sa un peu à l'écart dans la même chambre, mais toujours dans sa cage. Cette
seconde expérience ayant duré depuis
trois heures jusqu'à sept, il pesa ces
deux animaux ; le premier avoit perdu
2 gros 6 grains de son premier poids,
& le second un gros & 20 grains seulement, par la transpiration naturelle ;
ce qui fait une difference de 58 grains,
qu'il n'est guere possible d'attribuer à
aucune autre cause qu'à l'électricité.

Le même essai a été tenté sur deux
pigeons, dont l'un deux ayant été électrisé depuis sept heures du matin jusqu'à midi, perdit de son premier poids
un gros 48 grains, & l'autre pendant
le même espace de tems n'avoit perdu qu'un gros & 10 grains du sien ; ce
qui fait croire que l'électricité avoit
augmenté de 38 grains la transpiration
du premier.

Après avoir soumis à l'électricité des
bruans, des pinsons, des moineaux &
quelques insectes ; on a trouvé qu'un
oiseau, tel que ceux dont on vient de
parler, électrisé pendant cinq heures,
perd communément de son poids 7 à
8 grains de plus qu'il ne perdroit dans
un pareil tems par la transpiration natu-

*Pigeons
électrisés.*

relle. Environ 500 mouches communes, qu'on avoit renfermées dans un
petit bocal couvert de gaze, ayant été
électrisées pendant quatre heures, devinrent de 6 grains plus légeres qu'elles ne l'étoient d'abord, & il ne s'y
trouva qu'un déchet de deux grains,
après les avoir laissées dans un pareil
espace de tems sans les électriser, quoique ce fût dans le même lieu & dans
la même température.

De ces expériences (si l'on y prend
garde) il résulte une espéce de grada-
tion assez constante, par laquelle il
semble que les animaux électrisés per-
dent d'autant plus de leur substance,
qu'ils sont plus petits par leur espéce,
toutes choses égales d'ailleurs ; par
conséquent il n'est pas à craindre que
les effets de l'électricité sur les grands
animaux, s'accroissent à raison de leur
surface, ni encore moins à raison de
leur masse : ce qui doit dissiper toute
l'appréhension qu'on auroit pû avoir
de soumettre les hommes aux mêmes
épreuves. D'autant plus, comme l'a
constamment observé M. l'Abbé Nollet, il n'y a pas le moindre danger à
courir, ni la moindre incommodité à
redouter. Ce Physicien avoue qu'après

avoir examiné avec beaucoup d'attention comment les animaux dont on vient de parler, s'étoient trouvés d'avoir été électrisés à plusieurs reprises pendant quatre ou cinq heures de suite, aucun d'eux ne marqua d'impatience, ni par ses cris, ni par ses mouvemens pendant qu'on l'électrisoit. Le plus souvent les chats s'endormirent, & les oiseaux demeurerent tranquillement perchés sur leurs bâtons, ou posés à plat sur le fonds de la cage. Quand on les remettoit en liberté, ou dans une plus grande cage avec des alimens, ils se dédommageoient promptement de la longue diette qu'on leur avoit fait souffrir, & pas un d'eux n'a été attaqué depuis de la moindre incommodité dont on se soit apperçu.

N'y ayant donc aucun risque à courir, & au contraire toute réussite à espérer, en excitant de cette maniere la transpiration dans le corps humain, il ne s'agissoit plus que de sçavoir au juste à quoi s'en tenir à cet égard, & jusqu'où cet effet pourroit aller.

Hommes & femmes électrisées. Pour cela, trois ou quatre personnes d'un âge & d'une santé convenable, s'étant présentées de bonne grace pour être pesées, électrisées, & garder le régime

régime qu'on leur prescriroit ; & M.
l'Abbé Nollet étant parvenu à se procurer une balance, qui trébuchât d'une
maniere certaine à un demi gros, lorsqu'elles étoient chargées de 300 liv.
on s'est apperçu que la transpiration
insensible des gens électrisés a varié
considérablement ; mais on l'a trouvée
de plusieurs onces plus grande qu'elle
n'avoit coutume d'être, toutes choses
égales d'ailleurs, quand les mêmes sujets n'étoient pas électrisés ; & l'on
croit être en droit d'assûrer qu'à cet
égard un homme ou une femme qu'on
électrise, ne differe que du plus au
moins des animaux, sur lesquels on a
pû faire des expériences beaucoup plus
exactes.

De tout ceci, il suit nécessairement
que l'électricité augmente certainement l'évaporation insensible des fluides dans les corps & la transpiration.
On sçait que dans bien des occasions
la médecine désire cet effet, & cherche
à le procurer par bien des moyens souvent aussi incommodes & pénibles
pour le malade, qu'infructueux ; par
conséquent, ce ne seroit déja pas un
petit avantage que l'on tireroit de l'é-
lectricité, pouvant à coup sûr l'opérer.

Part. III.   B

Mais, dira-t'on, qui osera se soumettre à de pareilles expériences, après les accidens funestes qu'on a vû arriver à Chartres ? Car voici comme s'explique l'Auteur de la Dissertation nouvelle, dont nous avons déja parlé dans les deux premieres Parties de cette Histoire.

Dissertation nouvelle.

» Il est, dit-il, des tempéramens
» chauds, que la moindre électricité
» embrase pour ainsi dire ; j'en ai vû
» qui ne descendoient jamais de dessus
» le gâteau, sans se plaindre d'une cha-
» leur intolérable, qu'ils ressentoient
» dans les pieds & dans les jambes, &
» cela dans les plus grands froids de
» l'hyver. J'en ai vû d'extrêmement
» robustes être renversés par terre de
» l'expérience de Leyde, quoiqu'on ne
» se servît que d'un cylindre de trois
» pouces de diametre, d'un tuyau de
» fer blanc de deux pieds, & d'un verre
» d'eau. Il y en a qui se sentent frappés
» à la tête, & qui sont à l'instant ac-
» cüeillis d'une douleur extrême, ac-
» compagnée d'une fiévre qui ne les
» quitte qu'au bout de quelques jours.
» Il y a des gens qui dans l'expérience
» de Leyde, sont secoüés dans toute
» l'habitude du corps, sans que les

» secousses ayent un centre déterminé.
» D'autres ne sentent l'*impetus* que dans
» les extrêmités des pieds. . . . J'en ai
» connu qui se plaignoient d'une gran-
» de frayeur, suivie de violentes pal-
» pitations, d'une chaleur extraordi-
» naire, d'une sueur générale & si sen-
» sible, qu'on la voyoit tomber sur le
» visage. D'autres devenoient pâles
» comme la mort, & se plaignoient
» d'un froid insupportable aux extrê-
» mités du corps. Un incrédule voulut
» tirer l'étincelle & le fit ; en même
» tems il fut frappé dans le moment au
» coccis, où il ressentit une si grande
» douleur, que pendant plusieurs mi-
» nutes, il jetta des hauts cris, tous ses
» membres entrerent en convulsion, &
» le tremblement général dura plus
» d'un quart-d'heure. Presque tous ceux
» qui montent sur le gâteau, & qui y
» restent quelque tems, se plaignent,
» après être descendus, de crampes
» douloureuses, & qui durent des heu-
» res entieres ; d'autres enfin, d'une
» espéce d'engourdissement dans les
» jambes & dans les pieds.

Les personnes qu'on électrise sur les
gâteaux ou sur le coussin de laine, deviennent souvent comme asthmati-

ques ; vous diriez qu'une cause puissante intercepte & embarasse leur respira-
tion. J'ai tâté le poul à quelques-unes,
& il paroissoit beaucoup plus vigou-
reux & plus distendu, que lorsqu'elles
étoient descendues, l'électricité seroit-
elle capable de causer une fiévre mo-
mentanée ? Notre Auteur fait ensuite
l'histoire d'un jeune homme de 30 ans,
lequel pour s'être fait électriser, fut
accueilli d'une fiévre de 36 heures, &
d'un mal de tête qui ne le quitta, à ce
qu'il dit, qu'au bout de huit jours ;
de-là, il ne conseille à personne d'être
le souffre-douleur des phénomenes électriques ; il ajoûte que la curiosité l'en a
souvent rendu la victime ; mais qu'on
doit passer quelque chose à l'état & à
la profession dans laquelle on s'est engagé.

Après ces terribles catastrophes, qui
osera assûrer que les opérations électriques puissent être salutaires ? Et qui
sera assez hardi pour vouloir les tenter
sur soi ?

Là-dessus je réplique une chose bien
simple ; c'est que si les effets de l'électricité sont si meurtriers à Chartres,
on doit bien se garder de les y tenter
jamais ; ou si le Physicien de Chartres

eſt le ſeul entre les mains de qui ils
ayent fait tant de ravages ; j'eſtime
qu'il ſeroit de l'intérêt des Habitans
de lui en interdire abſolument toutes
fonctions , s'ils ne veulent courir le
riſque de voir un jour cette belle Ville
uniquement habitée par des infirmes
& des invalides.

Mais comme on peut juger de la
vérité de ces faits par pluſieurs autres
du même Auteur , que nous avons
déja rapportés , on doit conclure que
c'eſt ici la derniere ſcéne de ſa Differtation tragique ; & qu'après avoir eſſayé vainement de nous étonner par
de prétendus prodiges , il veut du
moins tenter de nous effrayer par ſes
imaginations chimériques. En effet , Voyez la
quand on voit un homme auſſi brave , nouvelle
auſſi courageux , qui dit qu'il faut bien tion.
faire quelque choſe de hardi pour ſa
profeſſion ; quand on le voit , dis-je ,
trembler de tout ſon chetif corps pour
une étincelle qu'il apperçoit à ſon ta-
lon , quand on le voit haleter , palpi-
ter , combattre contre la ſincope &
tomber évanoüi , en frottant ſon chat
ſur la couverture de ſon lit : on ne doit
plus trouver étrange qu'il découvre
tant de déſaſtres terribles dans les au-

tres effets de la vertu électrique.

Néanmoins pour parler plus naïvement, il eût beaucoup mieux fait de finir sa farce comme il l'avoit commencée, c'est-à-dire, par quelque événement romanesque & comique. Du moins on lui eût eu l'obligation d'avoir apprêté à rire quelque tems à la clôture de la piéce, & d'avoir fourni matiere à glozer sur la fécondité de son imaginative; au lieu que par ce dénouement piteux, il fait que chacun se met en devoir d'user de son sifflet, & qu'il s'expose à un plus grand tintement d'oreilles, que tous ceux qu'il dit être tombé dans des défaillances & des foiblesses en les faisant passer par son laboratoire électrique. Ceci n'étant donc que des charlataneries inventées à plaisir par l'Auteur de la *Dissertation nouvelle*, pour rendre son art plus redoutable & plus magique, nous nous garderons bien d'entrer dans aucune réfutation, nous nous contenterons seulement de lui opposer le témoignage de M. l'Abbé Nollet, le fléau de tous les Physiciens charlatans. Cet Académicien nous afsûre que depuis 15 ans qu'il électrise toutes sortes de personnes, il ne pourroit citer aucun mau-

vais effet un peu confidérable, qu'il
puiffe attribuer fûrement à l'électrifation, & qu'en particulier la tranfpiration qu'il avoit excitée dans plufieurs,
ayant la faculté de purger les pores de
la peau, il y avoit lieu d'efpérer qu'elle
feroit auffi profitable aux perfonnes infirmes, qu'il l'avoit reconnu peu dangéreufe pour celles qui fe portent bien :
ajoûtant que ni lui, ni ceux qui l'ont
aidé dans tous les tems, n'ont jamais
reffenti d'autre incommodité qu'un
peu d'épuifement & beaucoup d'appé-
tit : raifon pour laquelle il traite de
rêveries & de vifions toutes les préten-
dues obfervations du Phyficien de
Chartres, & ne les regarde que comme des productions d'un cerveau cruellement échauffé par les vapeurs électriques, & comme dans le tranfport.
C'eft auffi la juftice qu'on peut leur
rendre à coup fûr ; car il n'eft pas poffible qu'un homme de fang froid, un
vrai Obfervateur, en un mot, un Phyficien qui doit parler d'une maniere
fimple, naïve & naturelle, tel qu'il
convient aux fujets qu'il traite, fe fût
jamais avifé de faire paffer au Public,
des idées auffi phantaftiques, auffi
deftituées de vérité & même de vrai-

femblance. En phyfique comme en
morale, on ne doit jamais en impofer
ni enfler les chofes; & fi nous nous
fommes attachés à déveloper le ridicule des contes de Chartres, c'eſt que
nous nous y fommes crus indifpenfa-
blement obligés, tant pour l'honneur
de la phyfique, & en particulier de
l'électricité, que pour empêcher qu'on
n'en tire avantage contr'elle, & que
fes ennemis ne s'en prévalent pour la
décréditer. On fçait qu'il eſt déja aſſez
difficile de faire des découvertes dans
les fciences, & fi ceux qui veulent bien
en prendre la peine n'étoient foutenus
par la gloire qui eſt attachée à des travaux fi utiles, & l'eſtime que l'on ac-
corde à ceux qui s'y confacrent, où
trouveroit-on des gens qui vouluſſent
facrifier généreufement pour le bien &
l'avantage de la focieté, je ne dirai pas
leurs momens de plaifir, mais leur
fanté & très-fouvent leur vie, qu'ils
abregent & confument imperceptible-
ment par l'application, l'étude & la
réflexion?

D'ailleurs nous ne croyons exercer
ici qu'un acte de juſtice à l'égard d'un
Auteur, qui n'a pas craint de déco-
cher les traits les plus malins contre

un

un Phyſicien célébre par bien des endroits, & qui n'a pas peu contribué à
rendre la phyſique recommandable en
France. Ceux qui ſont inſtruits des
plaiſanteries ſatyriques qu'il a répan-
dues dans ſes Répliques, au ſujet des
Ouvrages de M. l'Abbé Nollet, n'en
douteront pas d'un inſtant. Peut-on ne
lui pas reconnoître un goût décidé
pour la critique, lorſqu'on l'entend
s'énoncer ainſi ? »Accoutumé, dit-il,
»depuis long-tems à lire des ſiſtêmes,
»des hypotéſes, des romans philoſo-
»phiques, parmi leſquels l'Eſſai Nol-
»letique n'occupe pas le dernier rang;
»je ne ſuis ſcandaliſé d'aucun écrit
»ſur ces ſortes de matieres, je les lis
»tous, & je me crois en droit de faire
»des remarques & les communiquer
»au Public, ſauf aux parties adverſes
»d'uſer & de joüir du même droit ; &
»je me fais honneur, ajoûte-t'il, d'en-
»trer en lice avec M. l'Abbé Nollet.

   »Et moi, interrompt M. l'Abbé
»Nollet, (& à juſte titre) je prends la
»liberté d'en ſortir avec la permiſſion
»de M. le Phyſicien de Chartres, &
»celle du Public à qui je vais dire mes
»raiſons, &c.

   En effet, il paroît qu'il n'eſt pas fort
Part. III.   C

gracieux pour une perſonne de la réputation & du ſçavoir de M. l'Abbé
Nollet, de diſputer en régle avec un
homme qui débute par traiter ſes Ouvrages de *Romans* & d'*Eſſais Nolletiques.*
On ſent parfaitement qu'un peu plus
de retenue & de modeſtie n'euſſent pas
été hors de propos dans la bouche de
notre prétendu Réformateur.

Ce n'eſt pas tout, M. l'Abbé Nollet
ſe met-il en devoir de répondre avec
ſa politeſſe, ſa douceur & ſa complaiſance ordinaire pour éclaircir quelques
difficultés apparentes qu'on lui fait, &
certainement très-minces ; notre Diſ-
coureur prétend que ce n'eſt point là
le ſens de ſon objection, & vous allez
voir avec quelle bonté il le releve de
ſa mépriſe. » M. l'Abbé Nollet, pour-
» ſuit-il, n'a-t'il pas l'air de quelqu'un
» qui ne pouvant répondre, cherche
» des ſubterfuges, fait des ſuppoſitions,
» prête gratuitement des intentions les
» plus gauches à ſes adverſaires, le tout
» pour détourner l'attention du Lec-
» teur ? Non, l'adverſaire ſe trompe.
» Tout cela veut dire clairement &
» bien formellement, que ſon feu élé-
» mentaire n'eſt point du tout matiere
» électrique ; tout cela veut dire, &

»tout net, que la matiere éthérée n'est
»pas plus le sujet des phénomenes
»électriques, que l'est le bois & le
»charbon que nous brûlons ; tout cela
»signifie que son éther n'a pas plus de
»part à l'électricité des corps, qu'il en
»a dans l'éruption des volcans, l'in-
»flammation de la poudre ; tout cela
»signifie que sa matiere affluente &
»effluente est une fable sans fonde-
»ment, que son feu élémentaire con-
»tribue seulement comme une cause
»efficiente éloignée, telle qu'elle l'est
»de tout ce qui se passe dans l'Univers.
»Ainsi tombe l'ennuyeux narré, les
»captieux détours de mon adversaire ;
»mais il faut connoître son langage &
»son stile pour sçavoir apprécier ses
»expressions. Passons à un autre argument. . . .

Arrêtez, je vous prie, M. le Docteur de Chartres, ce n'est donc, à votre
dire, qu'une fable sans fondement ce
que propose l'Académicien de Paris
pour l'explication des phénomenes
électriques ? Les Dissertations qu'il a
faites, son Essai, ses Recherches, ses
Mémoires Académiques, dont l'électricité étoit l'unique objet, ne sont
donc plus que d'*ennuyeux narrés*, *que*

de captieux détours, dont il s'eſt ſervi
pour obſcurcir encore davantage la
vérité, & la rendre plus impénétrable?
En vérité le Public doit vous avoir
de grandes obligations de ce que vous
lui deſſillez actuellement les yeux, de
ce que vous le faites appercevoir de ſa
mépriſe, & du tort qu'il a eu de recevoir ſi avidement les expériences & les
obſervations de cet Académicien.

A cela que répond M. l'Abbé Nollet,
que l'on vient de nous dépeindre tout
à l'heure comme un mordant qui em-
porte la piéce qu'il touche, ſans doute
que nous le reconnoîtrons dans ſes Répliques.

» Me voilà bien payé, dit-il, de la
» peine que j'ai priſe d'étudier les pen-
» ſées de M. le Phyſicien de Chartres,
» & des efforts que j'ai faits pour les
» deviner. Que de choſes ſignifiées, &
» que je n'ai pas ſenties dans l'endroit
» de ſon Livre qui m'avoit paru le
» moins obſcur? Auſſi m'en gronde-
» t'il de la bonne maniere; & ce qu'il
» y a de pis, c'eſt qu'après avoir lû &
» relû avec toute l'attention poſſible
» ſon interprétation que je viens de
» rapporter, je n'y vois encore que
» beaucoup d'averſion pour mon ſen-

» timent, aversion sur laquelle je n'ai
» pas le moindre doute & que je sup-
» porte avec patience, sans y trouver
» aucune raison solide qui puisse y ser-
» vir de motif. C'est pourtant ce que
» je cherche avec plus d'intérêt ; car s'il
» y en avoit de ces raisons que je re-
» doute, elles pourroient faire passer
» la même aversion dans les esprits rai-
» sonnables, dont j'ambitionne beau-
» coup les suffrages.

Y a-t'il rien dans cette réponse qui
dénote un homme fâché & courroucé ?
au contraire, on sent une espéce de
sang froid mêlé de douceur, qui semble seulement avertir qu'il faut être
un peu plus sur ses gardes, quand on
s'attaque à un Académicien, qui joint
au sçavoir de sa profession l'art de bien
penser & de bien dire.

Sans doute que l'Auteur de la *Dissertation nouvelle* sentoit bien son foible à
cet égard, puisqu'il a eu recours à un
procès-verbal très-considérable dans la
vûe de détruire, sinon par la force des
raisonnemens, du moins par la multitude des témoins, les faits que M.
l'Abbé Nollet a crû devoir lui contes-
ter. C'est une foule de gens qu'il ras-
semble chez lui de la Ville & de la

C iij

Campagne, pour leur faire certifier *de vifu*, & quoi! qu'un bâton de faule garni à fes extrêmités de quelque plante verte, ou de quelque branche d'arbufte a reçu l'électricité d'un cylindre de verre qu'on frottoit en le faifant tourner fur fon axe, qu'on en a tiré des étincelles très-douloureufes, qu'on s'en eft fervi pour répéter l'expérience de Leyde avec fuccès.

Que ce fait eft de grande conféquence pour mettre tant de monde en campagne! & encore qu'en prétend-t'on tirer? Une fauffeté ou quelque chofe d'équivalent; fçavoir que par le moyen de ce bâton de faule, on peut opérer autant & plus d'effet qu'avec les barres de fer fufpendues. Ce n'étoit pas certainement une chofe bien concluante à oppofer à M. l'Abbé Nollet, en s'adreffant uniquement à lui, puifqu'il eft conftant qu'il n'eft pas le feul qui préfere le canon de fufil, les gâteaux épais & les globes, & qu'il n'a fait à cet égard que fuivre l'exemple de plufieurs Phyficiens des plus célébres & des plus expérimentés. Il eft donc à croire que les honnêtes-gens, de la fignature defquels le Phyficien de Chartres a abufé, regretteroient d'avoir donné leur témoignage, s'ils fçavoient combien peu il influe dans la querelle préfente, & furtout dans la part qu'y peut avoir M. l'Abbé Nollet. Mais difons mieux, qu'une caufe doit paroître abandonnée, quand on n'a que des piéces auffi foibles à produire.

Nous ne fommes néanmoins pas fâchés d'avoir mis au jour celles-ci : elles feront connoître M. le Phyficien de Chartres, pour un homme fécond en ricochets, & qui fçait fe retourner au befoin.

EFFETS DE L'ÉLECTRICITÉ SUR *les paralytiques.*

Après avoir vû que l'électricité agit fur les fluides, accélere & augmente la tranfpiration, il étoit conféquent de pouffer plus loin les tentatives, & d'examiner fi elle ne feroit pas propre à la guérifon de quelques maladies, principalement de celles où le mouvement & le fentiment font en partie ou entiérement détruits. Les commotions & percuffions intérieures qu'elle occafionne, ont fait juger qu'elle pourroit être de quelque utilité pour la paralyfie ; ce fut là en effet le premier point

de vûe de tous nos Phyſiciens électriſans, dont nous rapporterons le travail
par ordre.

M. l'Abbé Nollet étant un de ceux
qui en ayent donné la premiere ouverture, il eſt juſte qu'il ait ici un des premiers rangs ; & quoique ſes eſſais
n'ayent pas été auſſi heureux que ceux
de beaucoup d'autres, il n'en eſt pas
moins loüable, vû qu'il n'a épargné
ni ſes ſoins, ni ſes peines, & qu'il a
pouſſé la conſtance auſſi loin que qui
ce ſoit eût pû le faire.

Ce Phyſicien annonça la premiere
obſervation qu'il avoit faite à ce ſujet, à
la Séance publique de l'Académie Roïa-
le des Sciences, du 20 Avril 1746. Il y
avoit quinze jours qu'il avoit appliqué
au canon & au vaſe électrique les deux
mains d'un paralytique privé de tout
uſage des bras depuis cinq ou ſix ans :
dès la premiere tentative, cet homme,
qui depuis ce tems n'avoit éprouvé aucune ſenſation dans les bras, y reſſen-
tit un frémiſſement conſidérable, &
continua d'y reſſentir toutes les nuits
des picotemens, ce qui faiſoit beaucoup eſpérer de ſa guériſon, en continuant l'uſage du moyen qui lui avoit
procuré ces ſenſations.

Ceci n'étoit qu'un premier coup d'essai, les prodiges de l'électricité s'étant répandus généralement dans toute l'Europe, & y faisant beaucoup de bruit, M. l'Abbé Nollet, selon les intentions de M. le Comte d'Argenson, se prépara à de nouvelles tentatives. Il choisit l'Hôtel Royal des Invalides, comme un lieu très-propre à ce sujet, & on lui donna trois paralytiques de la même maison, dont l'état de paralysie fut constaté par écrit. Le premier s'appelloit *Jacques Daleur*, âgé de 49 ans, & paralytique de la moitié du corps du côté gauche ; le second nommé *Bardoux*, âgé de 27 ans, étoit paralytique de tout le côté droit ; le troime nommé *Quinson*, âgé de 48 ans, étoit aussi paralytique de tout le côté gauche depuis 17 ans.

Daleur fut électrisé depuis le 9 Avril jusqu'au 16 du même mois, tous les jours pendant 4 heures, deux heures le matin, deux heures le soir. *Bardoux* le fut même pendant 50 jours, & *Quinson* pendant 40. On les électrisoit en tirant des étincelles, & par commotion en les appliquant à l'expérience de Leyde.

Daleur fut abandonné au bout de

huit jours, parce qu'ayant été examiné avec plus d'attention, on jugea qu'il avoit les articulations enchilofées, & qu'il n'étoit pas vraifemblable que des parties ainfi affectées puffent reprendre la fléxibilité & la foupleffe néceffaire au mouvement qu'elles avoient perdu.

Les deux autres foutinrent plus long-tems les efpérances de notre Académicien, par les effets que voici : Les mains qui étoient roides & prefque fermées, devinrent plus fouples & s'étendirent ; les doigts qui étoient comme collés les uns contre les autres, fe détacherent peu à peu, & chacun d'eux fe plioit ou fe redreffoit féparément des autres. Quand on tiroit une étincelle du mufcle, d'où dépendoit l'un ou l'autre de ces mouvemens, on faifoit plier de même ou étendre le poignet & l'avant bras ; les malades reffentoient des douleurs & des picotemens pendant les nuits, aux parties mêmes fur lefquelles on avoit travaillé, ou bien à celles qui avoient avec elles quelque rapport immédiat ; enfin la peau devenoit pleine de taches rouges, & enfuite on voyoit des élevûres confidérables aux endroits où l'on avoit excité les étincelles électriques. On y a même souvent vû des vésicules qui se crevoient, & d'où il sortoit une sérosité semblable à celles des cloches qu'on fait naître en se brûlant. Tous ces effets allerent en augmentant pendant les quinze premiers jours ; mais on attendit envain pendant six semaines, que l'on continua à les éprouver, de venir à bout de la guérison ; après quoi les paralytiques ne voyant plus de nouveaux progrès qui soutinssent leur espérance, se dégoûterent, & on les abandonna.

» Pour moi, dit M. l'Abbé Nollet, » quoique je n'aie pas réussi comme je » le désirois, je suis bien éloigné de » croire qu'on ne puisse avoir un succès » plus heureux.

On peut dire que cet aveu fait honneur à ce sçavant Physicien, qui d'ailleurs avoit mis en usage toutes les précautions qui pouvoient être pour lors à sa connoissance. Il paroît qu'il avoit déja fait beaucoup de progrès par le détail que nous venons de voir ; & l'on peut dire, sans trop avancer, qu'il fût peut-être parvenu à la guérison de ces paralytiques, s'il lui fût venu en pensée d'ajoûter à l'électricité quelques-uns des remédes propres à cette maladie ; mais c'étoit une chose qui dans ce tems lui étoit tout-à-fait inconnue.

GUÉRISON DE GENÊVE.

L'Académicien de Paris n'étoit pas le seul qui travailloit assidûment à étendre la réputation de la vertu électrique. M. Jallabert à Genêve ne l'avoit pas moins à cœur, & l'on peut dire qu'il a couronné glorieusement l'ouvrage, que M. l'Abbé Nollet n'avoit encore qu'ébauché. Apprenons-en de lui-même le détail, il n'en sera que plus instructif.

Extrait d'une Lettre de M. Jallabert, à M. Cramer de Genêve, du 30 Janvier 1748.

»Je me suis fort occupé cet hyver »des effets de l'électricité sur les êtres »animés ; & comme j'ai été obligé de »faire des expériences qui deman-»doient de la dextérité, je recourus à »M. Guyot, Chirurgien. Le hazard a »rendu mes recherches plus utiles que »je ne pensois, & m'a engagé à tour-»ner mes vûes du côté de la guérison »de diverses maladies. Curieux de »comparer la différence des effets de

» l'électricité sur les animaux vivans &
» morts, avec ceux qu'elle produiroit
» sur les paralytiques, on m'amena le
» 26 Décembre un nommé Nogués,
» Serrurier, paralytique du bras droit
» depuis près de quinze ans. Outre la
» perte du sentiment & du mouvement,
» le bras & l'avant bras étoient extrê-
» mement maigres ; nous exposâmes
» d'abord cet homme à l'épreuve de la
» commotion, la main paralytique at-
» tachée au vase ; la violence du coup
» porta principalement au haut de l'é-
» paule, & nous ne pûmes détromper
» cet homme de l'idée où il étoit, que
» M. Guyot l'avoit frappé, qu'en répé-
» tant l'expérience, après avoir fait
» changer de place à M. Guyot.

» Je fis ensuite découvrir le bras pa-
» ralytique, & l'homme étant placé sur
» de la poix, & vivement électrisé, je
» fis sortir de divers endroits du bras des
» étincelles. Nous apperçûmes d'abord
» que les muscles d'où elles partoient,
» étoient agités de mouvemens convul-
» sifs très-vifs. Bientôt après nous vî-
» mes mouvoir successivement & en
» different sens l'avant bras, le corps
» & les doigts, suivant que nous ti-
» rions l'étincelle de tel ou tel muscle.

» Ce phénomene étoit trop fingulier
» pour ne le pas examiner avec atten-
» tion. Je me mis à la place du paraly-
» tique, & j'obfervai que les mufcles
» & les parties aufquelles ils aboutif-
» foient, fe mouvoient quand on ti-
» roit une étincelle, fans qu'il fût en
» mon pouvoir de l'empêcher; & que
» fuivant que l'on tiroit, par exemple,
» l'étincelle des mufcles extenfeurs ou
» fléchiffeurs, du carpe ou des doigts,
» ils fe baiffoient ou s'élevoient en féns
» oppofé. Cette obfervation bien conf-
» tatée fur differentes parties de mon
» corps & enfuite fur le bras paralyti-
» que, me donna quelque efpérance
» qu'en fecoüant vivement & fréquem-
» ment les mufcles paralytiques, on
» pourroit peut-être leur rendre leur
» jeu, & y faire circuler librement les
» divers fluides. Je travaille en confé-
» quence tous les jours fur le paralyti-
» que, en dirigeant fucceffivement mes
» opérations fur divers mufcles. L'ab-
» ducteur du pouce m'a feul occupé
» pendant le grand froid cinq ou fix
» jours. Il ne falloit pas moins que les
» changemens notables que je voyois
» pour foutenir ma patience au milieu
» de plufieurs autres occupations. Vous

»jugerez des progrès de la guérison,
»par la description de l'état du malade
»que M. Guyot a dressée le dixiéme &
»vingt-quatriéme Janvier, pour en
»mieux connoître la suite.

Le 10 Janvier.

»J'ai trouvé que le bras paralytique
»avoit repris beaucoup d'embonpoint.
»Le malade étendoit le doigt *index*,
»*medius* & annullaire, il pouvoit aussi
»étendre le carpe ; mais le petit-doigt
»& le pouce ne pouvoient pas encore
»s'étendre. Cet état marque une gran-
»de diminution du mal, puisque dix
»jours auparavant, l'avant-bras étoit
»encore fort maigre, & que le poignet
»ni aucun des doigts ne pouvoient s'é-
»tendre.

Le 24 Janvier.

»Le corps & tous les doigts, excepté
»le pouce, s'étendent parfaitement,
»le pouce a beaucoup gagné pour les
»mouvemens d'abduction, d'adduc-
»tion & de fléxion. La derniere pha-
»lange de l'index & le pouce ne peu-
»vent pas encore s'étendre parfaite-
»ment. Les mouvemens de l'avant-bras

» & du bras fe font mieux , il appro-
» che la main du chapeau.

Suite de la Lettre.

».Aujourd'hui le paralytique a tiré
» fon chapeau & m'a remercié les lar-
» mes aux yeux. L'avant-bras malade
» eſt auſſi rempli de chair que l'avant-
» bras ſain , & le bras ſur lequel le
» grand froid m'avoit empêché d'opé-
» rer, augmente conſidérablement. Le
» poignet peut faire ſes differens mou-
» vemens, lors même que la main eſt
» chargée d'une bouteille pleine d'eau
» tenant une pinte.

» Je ne dois pas oublier de vous dire
» qu'à cette façon d'opérer j'ai joint
» de tems en tems la commotion ; je la
» lui ai même donnée, ſans le vouloir,
» d'une force extraordinaire, & qui m'a
» montré un phénomene bien propre à
» rendre les Phyſiciens circonſpects.

AUTRE EXTRAIT D'UNE LETTRE,

Du 28 Février 1748.

» Le paralytique de notre ami va
» mieux ; il tire ſon chapeau ſans pei-
» ne, il manie déja de gros marteaux,
» & il compte pouvoir forger dans peu
de

»de jours. Sans le grand froid, on
»l'auroit électrisé hier à nud sur les
»muscles du bras qui s'étendent vers
»la poitrine, & qu'une inaction de
»quinze ans a rendu un peu doulou-
»reux lors des mouvemens du bras.

M. Jallabert ajoûte encore une cir-
constance singuliere dans son Ouvrage
sur l'électricité, & qui n'est pas renfermée dans ces Lettres : c'est que le
malade qui étoit sujet aux engelûres
tous les hyvers, la commotion l'en
préserva cet hyver-là, qui ne laissa
pas d'être assez rude ; ainsi ce fut une
double guérison qu'opéra la vertu électrique dans un même sujet.

Ceci n'est qu'un premier exemple,
nous en avons d'autres encore à citer ;
mais avant que d'aller plus loin,
voyons un peu ce qu'avoit pensé à ce
sujet notre fameux Auteur des *Observations sur l'électricité* (second Tome
du Physicien de Chartres), qui joignant à cette qualité celle de Chirurgien, a voulu donner des preuves non
équivoques dans l'un & l'autre genre
de son profond sçavoir. Ne perdons
pas un de ses termes, ils sont précieux.

»Quand on parla d'appliquer l'élec-
»tricité à la paralysie, il ne crut pas

Voyez les Observations sur l'électricité.

Part. III. D

» d'abord qu'il s'agiſſoit de la commo-
» tion, les idées qu'il s'étoit formées
» de la nature & des cauſes de la ma-
» ladie, (idées tout-à-fait ſingulieres,
» qu'il faut voir dans ſa brochure, de-
» puis la page 81 juſqu'à la page 96),
» ne l'avoient point diſpoſé en faveur
» du reméde.

Pourquoi cela ? » C'eſt que, dit-il,
» on n'apperçoit dans la commotion
» électrique dont il s'agit, qu'une cau-
» ſe extérieure contundante, dont l'ac-
» tion immédiate ſe fait ſur les ſolides,
» & dans un point déterminé. . . . Une
» percuſſion extérieure & ſubite pour-
» roit-elle être une reſſource dans une
» maladie invétérée & chronique ? Un
» agent extérieur dont l'effet eſt ſi
» prompt ſeroit-il capable ? &c. . . .

Comment donc ! interrompt M.
l'Abbé Nollet, outré d'un tel raiſonnement, comment donc la commotion
eſt *une percuſſion extérieure !* L'Auteur
des Obſervations n'a donc pas eû le
courage de l'eſſayer une ſeule fois lui-
même ? Que n'en croit-il au moins la
voix publique ? & quand il a dit à la
page 40, en parlant de cet effet : »On
» reſſent à l'inſtant dans les deux bras,
» les deux épaules & la poitrine ; &

»souvent dans le reste du corps, une
»secousse si subite & si violente, qu'il
»semble qu'on soit frappé d'un coup
»de foudre. Il n'en croyoit donc pas
un mot ? Voilà qui est plus que singulier, avec des idées telles que celles-là,
quoique fausses, avec la certitude que
ce prétendu Observateur avoit de l'inu-
tilité & du danger d'appliquer la commotion électrique, comme il le dit
plus loin ; c'étoit cruauté à lui de faire
éprouver à ses malades une espéce de
torture, dont il sçavoit bien qu'il ne
retireroit aucun fruit.

Malgré ces raisons, & contre ses
propres lumieres, notre Chirurgien-
Auteur se détermine pourtant à électriser des paralytiques ; mais il prend
soin d'avertir qu'il ne l'a fait, que parce
que M. l'Abbé Nollet ayant commencé par de pareilles épreuves, avoit
déja annoncé des succès qui faisoient
beaucoup espérer de la guérison des
malades. Il n'est pas difficile de s'appercevoir qu'il prétendoit par-là se
mettre à couvert, & rendre cet Académicien responsable des événemens.

Mais à qui se jouoit-il ? Et ce trait
pouvoit-il être sans réplique ? Où en
étois-je ? répond cet Académicien, si

D ij

M. Jallabert, moins éclairé que lui sur l'impossibilité de ressusciter le mouvement dans des membres perclus en les électrisant, n'avoit été assez patient pour essayer comme il faut, & assez heureux pour prouver par une guérison bien authentique, contre les sçavantes spéculations de l'Auteur des Observations, que la vertu électrique ne s'en tient point à la surface du corps animé, qu'elle agit sur les fluides comme sur les solides, qu'elle attaque jusqu'aux nerfs privés d'action, qu'elle peut être autre chose qu'inutile ou nuisible ; en un mot, qu'elle peut guérir d'une paralysie invéterée de quinze ans.

Notre Chirurgien, après avoir rapporté quelques expériences fort superficielles qu'il a faites sur trois ou quatre malades, finit ainsi douloureusement son récit : » Enfin je n'ai tiré aucun fruit de la commotion électrique » sur les paralytiques.

Et pouvoit-il raisonnablement en attendre après si peu de travail, après des épreuves faites sans aucun principe, & par maniere d'acquit, tant bien que mal, sans préparation, sans invention & sans intelligence ? Que l'on compare ce que le Chirurgien de la Salpétriere a fait, avec la maniere dont le Phyſicien de Genêve a opéré, & l'on verra ce qui peut avoir cauſé la difference de leurs ſuccès.

M. l'Abbé Nollet, après un travail de deux mois entiers, preſque auſſi infructueux qu'aſſidu, aime mieux dire que ſes opérations n'étoient pas aſſez parfaites, plutôt que de nier à la vertu électrique la proprieté d'agir ſur la paralyſie; tandis qu'un Phyſicien novice tranche hardiment la queſtion, & décide d'un ton de maître pour la négative, & fondé ſur quoi? Le voici; car il nous ſçauroit peut-être mauvais gré de ne pas donner une ligne dans cette hiſtoire à ſes vigoureuſes tentatives.

EXPÉRIENCES DE L'AUTEUR

Des Obſervations ſur les paralytiques.

Ces expériences ſont au nombre de trois. Dans la premiere, il électriſe une fille âgée de 32 ans, paralytique du bras gauche depuis huit années, qui dàns trois ou quatre commotions qu'il lui fit reſſentir par l'expérience de Leyde, n'éprouva dans ſon bras paralytique » que quelques picotemens

Obſervations ſur l'électricité.

» affez aigus, à l'extrêmité du doigt
» *index*, une fenfation douloureufe,
» qui s'étendoit principalement le long
» du trajet des vaiffeaux, lefquelles
» douleurs & frémiffemens ne fe dif-
» fiperent qu'au bout de huit à dix
» jours.

» Dans la feconde, ce fut une fille de
» 29 ans, paralytique du bras droit,
» qui auffi-tôt après avoir touché la
» phiole, reffentit près d'un quart-
» d'heure une chaleur extraordinaire,
» fans être vive, dans toute l'étendue
» du bras malade. Dans la fecouffe fui-
» vante, la chaleur fut plus vive &
» plus univerfelle, & la troifiéme fois,
» les effets furent encore les mêmes, y
» ayant eu de plus un picotement le
» long du trajet des vaiffeaux, qui a
» fubfifté pendant plufieurs jours.

On choifit pour la derniere épreuve
une fille de 42 ans, paralytique du
bras droit avec attrophie, & qui n'a-
voit pas perdu le fentiment. Comme
la perte du mouvement du bras, dit
l'Opérateur, n'étoit point caufée par
l'obftruction des nerfs, mais par l'affaiffement des fibres motrices produit
par l'émaciation de la partie ; de-là, il
n'a remarqué en cette fille aucun phé-

homene, qui differât de ce qui arrive ordinairement aux perſonnes ſaines.

Telles ſont les ſçavantes & laborieu-ſes obſervations de notre Chirurgien de la Salpétriere, d'après leſquelles il coupe court, en diſant que l'électricité ne peut qu'augmenter le mal, loin de de faire aucun bien. On pourroit, ce ſemble, bien aiſément convaincre de faux ce prétendu Obſervateur, même par ſes propres paroles & ſes propres faits. Quoi! lui diroit-on, votre ju-diciaire a aſſez peu d'étendue pour regarder comme nuiſible cette chaleur vive & univerſelle, ces picotemens le long du trajet des vaiſſeaux, ces dou-leurs & ces frémiſſemens? Que vos penſées ſont bien differentes de celles des Maîtres de l'Art, de M. l'Abbé Nollet, M. Jallabert & autres! ſi vous euſſiez bien écouté le premier, dont vous vous faiſiez gloire il n'y a qu'un moment d'être le diſciple & l'écho, il vous eût appris que ces circonſtances, que vous rejettez comme mal faiſantes, devoient vous être au contraire d'un excellent augure; & ſi vous euſſiez profité des leçons du Phyſicien de Ge-nêve, vous euſſiez uſé d'un peu plus d'adreſſe & de patience, vous euſſiez

varié vos opérations : fon génie fécond
en reffource eût peut-être piqué le vô-
tre d'émulation , votre travail eût été
plus long , plus affidu, & fûrement
vous auriez prononcé un jugement
plus mûr & plus réfléchi. Du moins
quand on n'a que des connoiffances
bornées , que l'on devroit bien prendre garde qu'elles ne tranfpirent dans
le Public !

Sur ce principe, l'Auteur des Obfervations eût pû s'exempter d'apprêter à
rire , par les objections ridicules qu'il
fe propofe néanmoins très - férieufe-
ment , & par les exemples comiques
qu'il cite en réponfe. Il craint qu'on
ne lui objecte que l'électricité peut
guérir la paralyfie par la peur , & pour
émouffer d'avance les traits qu'il re-
Page 135. doute : » Je fçais, dit-il , qu'on a vû
» des perfonnes guérir radicalement de
» la fiévre par la commotion que pro-
» duit la détonation de la poudre ful-
» minante. Sa réponfe la voici : » Et
» où en feroit toute la médecine pour
» l'explication fatisfaifante d'un phé-
» nomene auffi furprenant ? Je ne crains
» pas , ajoûte-t'il , que cette fecouffe
» porte jamais un grand préjudice à la
» réputation du quinquina.

Ici

Ici c'est *Valeriola*, Médecin d'Arles, qui rapporte que le feu prit à la chambre d'un Habitant de cette Ville, nommé *Jean Berle*, qui depuis plusieurs années ne quittoit point son lit à cause de la paralysie dont il étoit attaqué ; que le danger d'être brûlé lui donna des forces pour se lever du lit, & qu'il fut dès ce moment parfaitement guéri de sa paralysie. Pag. 136.

Écoutons la réplique normande de notre Chirurgien ; ce n'est point, dit-il, la peur que cet homme avoit d'être brûlé & de mourir qui a operé sa guérison, mais bien l'envie qu'il avoit de vivre ; & confirme son dire burlesque par un trait encore plus baroque, & qui ne sert plus guére que de lieu commun à tous nos faiseurs de contes. Pour le rajeunir ce trait, il le fait partir de l'escarcel d'un Médecin de Montpellier, protestant qu'il le tient de la premiere main. Voici la fourure dont il le revêt : Un Médecin Etranger étoit extrêmement malade en cette Ville (de Montpellier bien entendu), il étoit abandonné de toute la Faculté ; les personnes qui le servoient le voyant réduit dans un état désesperé, partageoient sa dépoüille. Un singe qui vit Pag. 137. Voyez Observations sur l'électricité, p. 139.

Part. III.   E

que chacun emportoit de son côté, prit le chaperon rouge fourré, que son maître (le Médecin malade) portoit aux actes solemnels ; il s'en para de si bonne grace en sa présence, qu'il lui fit faire un grand éclat de rire, dont l'émotion lui racheta la vie. . . . Telle est l'histoire, & la conclusion qu'il laisse à en tirer à son Lecteur est celle-ci, donc ce n'est point la peur qui opére la guérison. Après un début si bien amené, on ne peut s'empêcher d'avouer que le Chirurgien de la Salpétriere est l'homme du monde le plus heureux en réfutations & même en saillies ; & que les objections qu'il se propose contre son sistême, qui nie toute proprieté à la vertu électrique sur la paralysie, sont bien à peu près dans le même goût, que celles dont il prétend instrumenter, mais à pure perte, contre l'efficacité de cette vertu.

Ce n'est pas là le dernier coup qu'il porte à l'électricité ; il veut, ainsi que le Physicien de Chartres, qu'elle soit beaucoup plus nuisible que profitable, non-seulement pour la paralysie, mais pour toutes sortes de maladies ; & il appuye sa proposition sur deux fameuses expériences, qu'il assûre avoir fai-

tes lui-même : »Une fille, dit-il, se Page. 41.
»fit électrifer dans un tems critique;
»à l'inftant elle fe fentit d'une fuppref-
»fion, dont on eut peine à réparer les.
»défordres, après avoir fait ufage pen-
»dant près d'une année des remédes
»les mieux indiqués en ce cas. Un Page 42.
»homme, ajoûté-il, de 28 ans, qui
»avoit un ulcére virulent dans le ca-
»nal de l'urethre, & qui fe foumettoit
»fans peine à toutes les conditions né-
»ceffaires pour en guérir prompte-
»ment, ne jugea point devoir prendre
»de précaution pour fe faire électrifer
»dans un tems où la guérifon étoit
»avancée. Dès qu'il fut électrifé, il
»fentit dans le lieu affecté une dou-
»leur cuifante, qui fut fuivie d'inflam-
»mation & d'effufion de fang, acci-
»dens pour lefquels il fut faigné trois
»fois & mis à l'ufage des remédes con-
»venables. On voit, continue-t'il,
»l'électricité produire la crifpation
»des vaiffeaux, qui dans le premier
»cas a fupprimé l'évacuation fangui-
»ne, & dans le fecond, la matiere de
»la fuppuration, qui étoient fort né-
»ceffaires à la fanté de ces deux per-
»fonnes.

De-là que conclure? Que l'électri-

E ij

cité ne convenoit pas à ces perſonnes dans les circonſtances où elles ſe trouvoient ? à la bonne heure : mais peuton en inférer qu'elle ſoit nuiſible pour autant à tout autre ? Ceci eſt au contraire une nouvelle preuve contre l'Auteur des Obſervations, que l'électricité ne s'arrête pas à la ſuperficie des corps, comme il l'a avancé quelque part, mais qu'elle les pénétre tous intimement ; en ſecond lieu, qu'il faut qu'elle ſoit appliquée à propos, ou aidée des médicaméns qui conviennent, lorſqu'on a envie d'opérer quelque guériſon.

Le Public ne nous ſçaura ſûrement pas mauvais gré d'avoir fait ces petites notes ſur le préſent écrit, puiſqu'il n'a pû voir ſans doute depuis longtems avec indifference, l'eſpéce de réfutation que notre prétendu Obſervateur a oſé hazarder au ſujet des Ouvrages de M. l'Abbé Nollet, & les répliques inſipides tout à la fois & peu meſurées, qu'il a publiées par après. On en peut juger par l'échantillon ſuivant.

Dans ſa Lettre réplicatoire, page 6. parlant à M. l'Abbé Nollet, il s'énonce ainſi : »Prêt à faire imprimer une

» réponse à votre critique, j'apprens
» de bonne part que je n'en suis pas
» quitte pour ce que j'ai vû, & que
» vous me traitez bien plus durement
» dans un grand Ouvrage sur l'électri-
» cité que vous avez actuellement sous
» presse : cet avis m'en a fait changer ;
» j'attendrai cette nouvelle attaque
» pour répliquer au fond des difficultés
» que vous m'avez proposées, &c.

Il paroît bien que ce préambule
n'est qu'un échapatoire de la part de
notre Chirurgien, qui sentant ou du
moins devant sentir, combien le com-
bat dans lequel il fait mine de s'enga-
ger, lui seroit désavantageux par une
inégalité qui ne peut être plus com-
plette, veut cependant affecter de la
bravoure, en donnant à entendre qu'il
se réserve pour une meilleure occasion.
La suite a bien fait connoître en effet
que ce n'étoit qu'une rodomontade,
puisque M. l'Abbé Nollet l'a pris au
mot sur le champ, » & lui a dit à la
» face de toute la terre dans son *Post-*
» *scriptum*, qu'afin que le Public ne
» soit point privé plus long-tems de
» ces éclaircissemens qu'on dit être tout
» préparés, & qu'il seroit lui-même
» fort aise de voir, il lui déclaroit de

E iij

» nouveau qu'on l'a mal informé de
» ſes intentions, qu'il n'a point eu deſ-
» ſein de l'attaquer davantage ſur la
» brochure qui a donné lieu à ſa pre-
» miere réponſe, & qu'il avoit prié ſes
» amis de le lui dire plus de dix-huit
» mois auparavant. . . .

Je ne ſçais comment l'Auteur des
Obſervations, homme courageux qui
ſe dit armé de pied en cap, peut entendre un pareil défi de ſang froid &
s'en tenir là. Au fond on n'en ſera pas
ſurpris, puiſque dans la même Lettre
il met bas les armes, en diſant » qu'il
» paſſe condamnation ſur tout ce que
» M. l'Abbé Nollet voudra : mais en
revanche, il s'étend dans les 19 pages
in 12. de cet écrit, en plaintes ameres
contre cet Académicien, dans la vûe
ou de le rendre odieux ou ridicule,
ou du moins d'exciter pour lui-même
la compaſſion du Public. Rendons cet
endroit mot pour mot, ainſi que les
réponſes, il eſt intéreſſant. C'eſt M.
l'Abbé Nollet qui parle.

» Il ſe plaint, dit cet Académicien,
» de moi-même à moi-même, (& au
» Public bien entendu, puiſque ſa Lettre
» eſt imprimée), & de quoi ſe plaint-
» il ? de ce que je l'ai *attaqué & critiqué.*

» & de ce que je l'ai fait avec *dureté &*
» *sans ménagement*. Mais M. le Chirur-
» gien n'y pense pas ; l'écrit dont il se
» plaint n'est-il pas intitulé : *Réponse à*
» *quelques endroits d'un Livre publié par*
» *M. . . . . Chirurgien de la Salpétrière,*
» *&c.* Ce Livre existe-t'il, ou n'existe-
» t'il pas ? Les textes que j'en ai extraits
» pour y répondre, ne sont-ils pas fidé-
» lement rapportés & pris dans leur
» sens naturel ? Qui de nous deux est
» l'aggresseur ? Quant aux expressions
» je les ai mesurées sur les siennes ; &
» si j'ai pris le ton un peu haut en cer-
» tains endroits, qu'il me permette de
» le dire, c'est que j'ai remarqué dans
» ses décisions un air de suffisance, que
» d'autres que moi lui ont déja repro-
» ché plus d'une fois, & qui ne qua-
» droit pas bien avec la foiblesse des
» raisons dont il vouloit appuyer sa
» doctrine.

» En vain l'Auteur des Observations
» s'imagine toucher ses Lecteurs, en
» disant qu'il est jeune, & qu'il ne fait
» que commencer. On lui répondra
» que c'est une raison de plus pour être
» modeste & circonspect. On excuse un
» jeune homme qui se trompe, quand
» il ne fait que se tromper ; mais quand

»il prétend que les autres s'égarent
»avec lui, & qu'il fe mêle de blâmer
»ceux qui tiennent une autre route,
»ne mérite-t'il pas bien qu'on le ré-
»prime?

　»Le Chirurgien-Auteur oppofe à la
»conduite que j'ai tenue à fon égard,
»celle de M. de Réaumur envers moi;
»mais quelle difparité! eft-il mon éle-
»ve, comme je me fais gloire d'être
»celui de M. de Réaumur? Cet excel-
»lent Maître à qui je ne fçaurois trop
»marquer ma reconnoiffance, *m'a*
»*traité*, dit-on, *avec indulgence*, *m'a*
»*donné des louanges*, *lorfque je ne les*
»*méritois pas encore*, *& ne m'a jamais*
»*découragé par des critiques*. Mais com-
»ment auroit-il dû me traiter, fi à
»peine initié dans la phyfique, j'avois
»conçu la folle audace de m'ériger en
»Cenfeur de fes Ouvrages? Voilà ce
»qu'il faudroit fçavoir. Devroit-on
»même lui faire un mérite de fe laiffer
»attaquer impunément, s'il avoit lieu
»de craindre que la vérité en dût fouf-
»frir? Je ne le crois pas, & je trouve
»même dans ce modéle qu'on me re-
»met devant les yeux, de quoi juftifier
»abondamment mes réponfes à M. le
»Chirurgien. Que lui & ceux qui lui

» ont *foufflé* ce grand argument contre
» moi, fe donnent la peine de parcourir
» les Préfaces qui font à la tête des *Mé-*
» *moires pour fervir à l'hiftoire des infec-*
» *tes*, & ils verront fi l'on peut s'ap-
» puyer de l'exemple de M. de Réau-
» mur, pour prouver que j'ai intérêt
» de repouffer les attaques de l'Auteur
» des Obfervations.

Jufqu'ici nous avons entendu, cher
Lecteur, les deux Parties. Qui des
deux, je vous prie, a raifon ou tort ?
eft-ce celui qui après avoir effayé de
mordre & ne l'ayant pû, affecte de
prendre un ton piteux pour exciter la
commifération ? ou celui qui toujours
également ferme, parce que la force
& la vérité font de fon côté, fçait apprécier au jufte les foibles efforts de
fon adverfaire, & lui faire appercevoir
fon inégalité ? Il n'eft pas mal qu'il fe
donne de tems en tems quelques petites
leçons pareilles pour en faire un peu
rabattre à certains efprits, chez qui la
préfomption devance pour l'ordinaire
la réflexion & le fçavoir. Une morale
douce, mais pénétrante de cette nature, eft un antidote puiffant pour guérir
de la légereté & de la fauffe croyance
où font la plûpart des jeunes gens,

qui, parce qu'ils ont quelques adula-
teurs dans un certain genre, s'imaginent exceller en tout. Si l'Auteur des
Obſervations a voulu ſe glorifier d'être
un éléve de M. l'Abbé Nollet, comme
cet Académicien l'a été de M. de Réaumur, & établir un parallele, il pourroit avoir raiſon en un ſens; car il lui
eſt redevable des enſeignemens qu'il
vient de lui donner, & s'il en profite,
il pourra ſe vanter d'avoir été ſon diſciple en ce point; ce qui ne ſeroit pas
un article des moins eſſentiels. Car
dèſlors il quitteroit cet *air de ſuffiſance*,
puiſqu'il ſemble que chacun ſe réunit
à le lui reprocher; il ceſſeroit d'*être
jeune*, & prendroit un ton plus réſervé;
il ſçauroit bon gré qu'on *ne lui donnât
point des louanges qu'il ne mérite pas*
(quoiqu'il paroiſſe ſoupirer après elles),
& ne ſera du tout fâché des petites critiques avec leſquelles on tempere ſon
extrême envie de briller *dans un genre
où il eſt à peine initié*; enfin il convien-
dra de ſa précipitation & de la petite
témérité qui l'a porté à vouloir relever
un Maître de l'Art, qui a aſſez de bonté
pour faire grace à la foibleſſe de ſes
raiſonnemens, dans l'eſpérance qu'il
réuſſira mieux une autrefois; pourvû

qu'il se donne la peine d'apprendre &
d'approfondir un peu plus les matieres,
si toutesfois elles ne passent point sa
sphére. M. l'Abbé Nollet n'a pas voulu
le lui dire bien clairement ; mais la
maniere dont il l'insinue, ne laisse plus
que la conclusion à tirer. Cela est permis, dira-t'on, à un Académicien qui
doit s'y connoître ; aussi prétendons-
nous être redevables à lui seul de tous
les petits commentaires que nous avons
proposés (sans aucune mauvaise intention certainement) au sujet des *Obser-*
vations sur l'électricité , comme une espéce de justice dûe à la réputation &
au mérite de l'électricité , que ledit
Auteur, ne lui en déplaise, a pris soin
de ravaler autant qu'il étoit en lui , &
sans aucun fondement.

Nous avons dit que ce n'étoit pas
seulement à Genêve que l'efficacité de
la vertu électrique sur la paralysie s'é-
toit fait sentir ; & en effet, on aura
lieu de s'en convaincre par les differentes Relations , que des Sçavans tant
de ce Royaume que des Pays étrangers,
ont bien voulu rendre notoires & publiques.

GUÉRISONS DE MONTPELLIER.

Premiere guérison de Montpellier. Au commencement de Décembre 1748, M. de Mairan reçut de M. Jallabert une Lettre, qui fut lûe aussi-tôt à l'Académie des Sciences de Paris, & qui portoit que M. de Sauvages, de l'Académie de Montpellier, électrisoit depuis quelque tems un homme paralytique, dont le bras atrophié pendoit sans mouvement, & qui traînoit une jambe sur laquelle il ne pouvoit se soutenir ; que le bras depuis qu'on avoit commencé à électrifer le malade à la maniere du Physicien de Genêve, sans employer cependant l'expérience de Leyde, avoit repris ses mouvemens naturels ; que la maigreur étoit de beaucoup diminuée, & que le malade marchoit sur sa jambe beaucoup mieux qu'il n'avoit fait auparavant ; enfin que cet homme étoit visiblement en train de guérison.

Trois guérisons opérées par un simple Ouvrier. Un Artisan fort ingénieux, ayant guéri aussi presque dans le même tems trois paralytiques par le secours de l'électricité, c'en fut assez pour exciter l'émulation dans cette grande Ville parmi les principaux Membres de la Faculté de Médecine, à qui il convenoit par plus d'un endroit d'avoir en ce genre l'honneur des premieres découvertes.

Dès le premier Janvier jusqu'au milieu d'Avril de l'année 1749, on ne discontinua point d'électrifer tous les paralytiques qui se présentoient & qui accouroient en foule de tous côtés. M. *Deidé de Montblanc*, Conseiller en la Cour des Aydes, fut un des plus fermes appuis de l'Académie nouvelle, qui commença à s'ériger en faveur de l'électricité. MM. Haguenot & de Sauvages, Professeurs en Médecine, & M. Chapetal, Docteur, furent les juges & les témoins de la plûpart des opérations, & feu M. *le Nain*, Intendant de la Province, connu de réputation pour un grand homme, & un homme magnifique, non-seulement voulut en être le Protecteur; mais par les effets d'une libéralité & d'une générosité sans exemple, il sçut si bien exciter le zéle & le courage des Docteurs électrifans, que dans un très-court espace de tems, on peut dire que l'électricité a opéré plus de cures merveilleuses, que la médecine n'en a peut-être produit depuis plusieurs siécles. Nous nous ferons d'autant plus de plaisir d'en donner une histoire bien exacte & bien circonstanciée, que ces guérisons surprenantes n'ayant été rapportées que dans une thése latine, que M. de Sauvages a fait soutenir aux Ecoles de la Faculté de Montpellier, elles n'ont presque point pénétré au-delà des murs de cette Ville, ni par la voye des Ouvrages périodiques, ni autrement : c'est un hommage & en même tems une espéce de réparation que nous croyons légitimement dûe à l'honneur & à la gloire de l'électricité. Pour parler avec plus de justesse, nous nous rapprocherons de la traduction autant que la nature des faits pourra le permettre.

La premiere expérience fut portée sur une hémi-plégie imparfaite, accompagnée d'un affoiblissement de vûe & d'une douleur violente dans les reins. On appelle hémi-plégie, cette sorte de maladie où l'on est privé en tout ou en partie, du mouvement ou du sentiment, soit du côté droit, soit du côté gauche. Elle différe de la paralysie, en ce qu'elle occupe ordinairement la moitié du corps, au lieu que celle-ci est ou universelle, ou ne s'étend qu'à un membre seulement.

Garouste, Porteur de Chaise, fut le

sujet en question ; c'étoit un homme âgé de 70 ans, d'une assez grande taille & de beaucoup d'embonpoint. Il étoit hémi - plégique depuis dix ans , de façon qu'après avoir employé toutes sortes de remédes, il lui étoit resté une si grande foiblesse dans les jambes, qu'il ne pouvoit se supporter en marchant qu'avec des béquilles. Il étoit privé de l'œil du côté malade , & voyoit fort peu de l'autre , dont il ne pouvoit lire les menus caractéres d'impression ; il ne remuoit que très-peu la main du côté affecté ; & comme si elle n'eût pas fait partie de lui-même , il ne sentoit du tout point ce qu'elle empoignoit , il y avoit seulement de tems en tems une sensation extrêmement foible , semblable à celle qu'occasionnent des fourmis ; ajoûtez à cela une douleur continuelle , qui l'incommodoit si fort dans les reins , qu'étant assis , il ne pouvoit se lever qu'on ne l'aidât.

Le 29 Janvier 1749, il fut électrisé. On lui tira des étincelles de la main & des doigts engourdis , de même que dans les parties voisines de l'œil dont il étoit privé. L'électrisation dura une demi-heure ; la nuit suivante , il dor-

mit plus long-tems & plus tranquillement que de coutume ; la toux dont il
étoit ordinairement fort tourmenté,
s'appaisa aussi un peu.

Le 30, on l'électrisa comme ci-devant ; & parce que le froid étoit fort
vif, il eut soin en se couchant de se
faire frotter avec des linges chauds le
côté malade, qui étoit très-froid &
d'une grande foiblesse. La nuit, il sor-
tit de l'œil, dont il ne voyoit plus,
une grande quantité d'eau.

Le 31, on l'électrisa encore comme
auparavant ; on lui appliqua jusqu'à
cinq fois la commotion, dont il parta-
gea le coup avec six autres personnes,
& le soir, il fut frotté de nouveau
avec des linges chauds.

Pendant la nuit ses deux yeux ré-
pandirent beaucoup d'aquosités, & le
matin il étoit d'une joye inexprimable
de ce qu'il voyoit infiniment mieux de
l'œil qui lui restoit ; de sorte qu'il li-
soit avec facilité, & distinguoit parfaitement les plus petites lettres de ses
Heures. Tout étonné, il s'écria qu'il
avoit aussi recouvré le sentiment dans
trois doigts de sa main paralytique ; il
il n'y avoit plus que le pouce & l'*index*
qui se trouvoient sans mouvement.

Le

Le premier Février au soir, on recommença l'électrisation & la commotion, & l'on continua à lui tirer des étincelles des doigts. Les jours suivans, on ne lui fit rien, parce qu'il ne se présenta pas. Il avoit passé les deux nuits précédentes dans l'insommie & dans une grande inquiétude. Il se sentoit piqué dans toutes les parties de son corps attaquées de paralysie; il crut d'abord que c'étoit des puces; mais s'étant fait apporter une chandelle, il reconnut son erreur; pendant cet intervale néanmoins, il se sentit beaucoup plus léger & plus dispos, de sorte qu'il quitta son bâton.

Le 4 Février, la commotion lui parut beaucoup plus forte; le jour suivant, il s'apperçut que sa vûe se fortifioit, qu'il marchoit avec plus d'aisance, & que ses yeux distilloient pendant la nuit.

Le 6 & le 7, on lui fit les mêmes opérations, avec cette différence, que pendant deux jours, il ressentit du côté sain un mouvement qu'il n'avoit pas éprouvé jusqu'alors, & qui lui sembloit être comme un serpent qui se plioit & se replioit autour de lui.

Le 8 & le 9, à cause du froid, il

resta chez lui. Le 10, le 13, le 14 &
le 19, tout s'exécuta comme auparavant ; il lui coula encore des yeux une
grande quantité d'eau, sa vûe devint
plus perçante ; & enfin il fut entièrement guéri de cette douleur invétérée
& violente, qui le tenoit depuis si long-
tems dans les reins.

Le 23, l'électrisation ayant toujours
continué, la main du côté affecté recouvra beaucoup plus de force, & ses
jambes devinrent entièrement libres.

Le 27, l'index qui avoit été jusques-
là engourdi recouvra le sentiment, &
le pouce aussi ; du reste, le malade se
trouva parfaitement guéri, à la réserve
de cet œil qu'il avoit perdu depuis
long-tems.

Au mois d'Avril suivant, il se porta
parfaitement bien ; ainsi voilà déja
une hémi-plégie imparfaite guérie contre toute espérance, & une hémi-plégie qu'on devoit regarder comme incurable dans un septuagénaire, qui
étoit travaillé en même tems d'un affoiblissement extrême dans la vûe, &
d'une douleur très-vive qui avoit fixé
son siége principalement dans les reins.
Ce n'est pas tout, cette cure nous présente le premier exemple d'une effu-

Cette gué-
rilon est la
cinquiéme
qui a été
faite à
Montpel-
lier.

fion artificielle de larmes , au moyen
de laquelle une vûe prefque éteinte
s'eft promptement rétablie. Ce fera
donc encore un nouveau genre d'évacuation , que l'électricité eft en état de
fournir , & qui pourroit êtré dans la
fuite d'une grande utilité aux Ocultíftes.
Elle mérite certainement toute leur attention. Si l'on y a pris garde , on a dû
remarquer auffi dans ce malade , que
fes doigts étoient affectés d'un double
fentiment ; il fentoit bien par l'ébran-
lement des nerfs , des corps qui tou-
choient fes doigts , mais il ne pouvoit
les diftinguer à caufe de l'engourdiffement ; quand on les lui piquoit , il y
fentoit de la douleur ; mais il n'avoit
pas affez de tact pour en faire le jufte
difcernement. Quoiqu'il en foit , gra-
ces à l'électricité , c'eft un infirme de
moins dans le monde. Les curieux ou
les incrédules pourront s'en convaincre par leurs propres yeux ; il demeure
au Campnau, lieu peu diftant de Montpellier.

Si les aveugles , ou du moins ceux
qui ont tout lieu d'appréhender de le
devenir , ont dû ériger des autels à l'é-
lectricité d'après l'exemple que nous
venons de citer , que ne feront pas les

F ij

yvrognes , quand ils feront imbus du prodige furprenant , qui s'eft opéré par fon fecours dans un de leurs confreres? Je doute que Bachus , qui eft le Dieu qu'ils invoquent , leur rende jamais un pareil fervice. Voici le fait : Il s'a-git d'une hémi-plégie vineufe, invéte-rée & parfaite dans un bras, accom-pagnée d'un bégayement.

Sixiéme guerifon.

Le fufdit Sire eft un Valet âgé de 40 ans , nommé *Samuel* , qui jufques-là s'étoit acquis la réputation d'un maître yvrogne , ce qui lui avoit atti-ré une bonne hémi-plégie dans tout le côté droit ; il en étoit fi bien tenu, qu'il ne pouvoit aucunement fe tranf-porter auprès des Médecins électrifans. A peine fe levoit-il de fon lit ; néan-moins après s'être fait frotter les pieds avec des linges chauds , & oindre les genoux & les articulations avec de l'huile de laurier , de l'onguent d'al-théa, &c. il fit en forte de fe traîner , à l'aide d'un bâton , auprès de la machine électrique. La paralyfie imparfaite dont fa langue étoit travaillée , l'empêchoit de prononcer diftinctement ce qu'il difoit ; il eftropioit fes mots comme les yvrognes , tel qu'il avoit été jadis, de maniere qu'on ne pouvoit comprendre ce qu'il vouloit dire. Son bras étoit pendant ; & lorsqu'il le posoit dans une situation horisontale, sa main faisoit depuis le poignet un angle droit ; ses doigts étoient si roides & si rétrécis, que les assistans ne pouvoient les lui étendre & desserrer, ni lui ouvrir la main. Il n'avoit aucun sentiment dans le bras qui étoit extrêmement maigre & décharné, la couleur en étoit livide, & le froid dont il étoit saisi ne differoit en rien de celui de l'atmosphere. Il ne remuoit qu'à grande peine la jambe du même côté, laquelle étoit aussi décharnée que le bras, & ne conservoit que tant soit peu de sentiment.

Le 29 donc du mois de Janvier, cet hémi - plégique vineux fut électrisé monté sur un gâteau de poix, & son bras fut frotté avec des linges chauds, mais sans aucun effet.

Le 30, l'électrisation ayant duré une demi-heure, les doigts de la main parurent plus fléxibles.

Le 31, pareille électrisation, pendant laquelle on eut soin de lui couvrir la main & le bras d'une peau de brebis.

Le premier Février, les trois premiers doigts de la main paralytique s'étendirent & firent quelque mouvement, &

fes jambes commencerent à s'affermir.
Ce petit fuccès ayant encouragé, on
lui fit fentir la commotion *partagée*,
après lui avoir ajufté dans la main un
coin de bois, afin qu'elle s'étendît petit à petit.

Le 3 Février, le quatriéme doigt
s'étendit à moitié & devint mobile, fes
jambes fe dégagerent entiérement,
après avoir effuyé des picotemens très-
vifs pendant la nuit dans les parties
paralytiques. Sa langue beaucoup plus
déliée, prononçoit diftinctement les
paroles, fur quoi l'on réitéra l'électrifation & la commotion.

Le 4, il fe préfenta de bonne grace
portant fon bâton non pas à la main,
mais fur le bras; & ne fe poffédant pas
de la joye où il étoit, il dit qu'il fentoit tant de force dans fon bras, qu'il
alloit dès l'heure même faire une partie de bâlon. Il ajoûta néanmoins que
les doigts du pied lui avoient fait un
grand mal pendant la nuit; mais qu'il
étoit venu à bout d'appaifer cette douleur avec de l'huile de laurier. Le doigt
auriculaire, qui jufques-là avoit été
courbé & replié fur les autres, reprit
fon état naturel; le bras & la main
avoient regagné leur couleur de chair,

& pour examiner plus scrupuleuse-
ment le progrès de cette guérison, on
eut soin d'en mesurer le contour près
du poignet avec une bande de papier,
ensuite on réitéra l'électrisation & la
commotion.

Le 5, notre homme se portoit mieux,
à la réserve qu'il sentoit de tems en
tems quelque douleur dans le bras paralytique.

Le 7, ayant recouvré le libre usage
de la parole, il élevoit jusqu'à hauteur
de la clavicule son bras qu'il portoit
en écharpe ; les derniers doigts de sa
main étoient plus fléxibles, & il ne lui
restoit plus qu'une petite foiblesse dans
les jambes : on l'électrisa encore.

Le 9, il ressentit de légers picoto-
temens dans la cuisse paralytique, qui
s'étendirent le 10, le 11 & le 12 dans
les deux jambes, ce qui n'empêcha pas
que deux personnes ne lui tirassent des
étincelles du bras pour accélérer la
guérison.

Le 14, ses doigts qui s'étoient ouverts & séparés depuis long-tems, re-
couvrèrent tout leur jeu & leur mobilité, la chaleur & la couleur des mains
parurent au naturel, & de jour en jour
on lui mit un plus gros coin de bois,

ayant foin de lui tirer toujours des étincelles du bras & de la nuque du col.

Le 17 & le 18, fa main paralytique reprit tant de force, qu'à peine pouvoit-on lui arracher le coin de bois qu'elle tenoit; & à la place de ce coin de bois, ledit Sire en prit un de fer de la pefanteur de fept livres, avec lequel il frappa vigoureufement la table.

Le 19, le 21 & le 25, cette main forma de jour en jour un angle plus obtus avec le bras, ou pour mieux dire, fe redreffa confidérablement, & le malade eut foin de lui donner de l'éxercice pour la fortifier.

Le 27 & 28, il ôta & remit facilement fon bonnet avec cette même main, qui paroiffoit entiérement droite; & en fe promenant, il porta fans fe gêner fon fiége à la main.

On réitéra l'électrifation, & le premier & le 2 Mars, il fe découvrit avec affez de facilité.

Le 3 & le 4, le doigt auriculaire avoit prefque regagné comme les autres fa premiere fléxibilité; & cet homme ne fe fentant plus de mal commença à bien boire. Ses forces augmenterent le 8, le 9 & le 10 à un tel point,

qu'il

qu'il battit vigoureusement sa femme avec un bâton qu'il tenoit de sa main paralytique ; le 13 & le 14, les veines de ses mains qu'on ne voyoit point du tout ci-devant, parurent très-remplies comme dans les personnes qui se portent bien ; son bras étoit grossi de deux lignes dans le bas & de quatre dans le dessus, de sorte qu'il se retira parfaitement guéri. Il est vrai que le mois d'Avril n'ayant pris aucun ménagement, & ne faisant usage de ses forces que pour courir & boire avec excès, le froid de l'hyver joint à ses débauches, lui affoiblit un peu les jambes ; mais il conserva toujours la même force dans le bras & dans la main. Cet homme demeure à Montpellier même, auprès du Temple des Multiplians.

La derniere observation que nous venons de faire au sujet de cet hémiplégique, forme une exception à la régle générale ; car on remarque que parmi les paralytiques, il y en a beaucoup plus qui recouvrent l'usage de leurs jambes, que de ceux qui recouvrent l'usage de leurs bras ; ce qui arrive peut-être, parce que les jambes ont plus d'exercice que les bras, puisque les deux jambes sont absolument

Part. III.   G

néceſſaires pour marcher, & qu'au contraire un ſeul bras ſuffit ſouvent ſoit pour travailler, ſoit pour ſe procurer les choſes néceſſaires à la vie. On doit convenir auſſi que la crapule dans laquelle cet ancien yvrogne électriſé avoit donné ſans meſure, n'a pas peu contribué à lui rendre les jambes plus foibles, ce qui ne ſe rencontre pas dans ceux qui prennent du vin modérément.

Une autre réflexion qui ſuit naturellement des expériences qu'on vient de faire, eſt que ceux qui admettent un relâchement néceſſaire dans la définition de la paralyſie, parlent plutôt d'après l'idée qu'ils s'en forment dans leur cabinet, que d'après ce qui ſe voit journellement dans les Hôpitaux, puiſque de vingt hémi-plégiques invétérés, on en rencontre au moins dix-neuf dont les membres affectés ſont extrêmement roides & dans une grande contraction.

La troiſiéme cure a encore pour objet une hémi-plégie invétérée. Le ſieur *Brun*, auſſi Porteur de chaiſes, âgé de 56 ans, étoit tourmenté depuis dix-huit mois de cette ſorte de maladie, qui à la vérité avoit été beaucoup diminuée par l'ufage des eaux de Balaruc; mais il lui reftoit une fi grande foiblefle dans le bras gauche, qu'il pouvoit à peine l'élever à la hauteur du vifage, & une telle roideur & immobilité dans les jambes, qu'il ne marchoit que difficilement & avec l'aide d'un bâton.

Il fut électrifé prefque tous les jours pendant une demi-heure, depuis le 29 Janvier 1749, jufqu'au mi-Février. On avoit eu foin de lui faire d'abord des frictions chaudes & de lui tirer des étincelles des parties affectées, en y ajoûtant pendant tout le tems la commotion.

Le premier jour on ne s'apperçut d'aucun changement, le 31 Janvier le malade fe fentit beaucoup plus léger; le premier Fevrier ce fut des picotemens pendant la nuit à l'entour du genouil; le 3, la légéreté augmenta, il y eut plus de flexibilité dans les membres, & les picotemens redoublerent pendant la nuit; ce fut pour lors qu'on commença la commotion. Le 4, cet homme quitta le bâton dont il fe fervoit, comme un meuble dorénavant inutile; les picotemens continuerent pendant la nuit, & il lui furvint une douleur dans les pieds. Le 7, il éleva

le bras beaucoup au-deſſus de ſa tête ;
mais une douleur le ſurprit dans le
moment au cou du pied & au genoüil ;
après avoir électriſé quelque tems les
muſcles de la jambe, on s'apperçut
qu'elle faiſoit un petit mouvement ; on
lui tira ſur le champ des étincelles, &
on répéta la commotion juſqu'à cinq
ou ſix fois, à quoi il parut très-ſenſi-
Septiéme ble. Le 15, il fut parfaitement guéri,
guériſon. & le même jour, il alla jouer au mail.

En faiſant ces ſortes d'opérations,
on a fait quelques remarques qu'il ne
ſera pas indifferent de rapporter ici :
par exemple, qn'il arrivoit fort rare-
ment que les hémi-plégiques reſſentiſ-
ſent les étincelles le premier ou le ſecond jour, ni même les commotions
qu'on réitéroit à pluſieurs repriſes ;
mais que dans la ſuite, ils y étoient
fort ſenſibles & les ſupportoient avec
peine. Il ſemble que cela veüille dire,
que le fluide électrique a beaucoup de
peine au commencement de ſe faire un
paſſage au travers des nerfs comprimés,
ou remplis de pituite viſqueuſe, &
qu'enfin cependant il vient à bout de
s'y frayer un chemin.

On a eu occaſion d'obſerver auſſi
pluſieurs fois dans differens hémi-

plégiques & paralytiques électrisés, qu'ils ne ressentoient pas la premiere nuit de l'électrisation des picotemens, si ce n'est dans les épaules, lorsque le bras étoit paralytique, ou à l'extrêmité des parties affectées, comme si ce fluide picotoit davantage, où il trouve une plus grande résistance à traverser les nerfs.

Lorsque l'électricité est forte, & qu'on fait usage de la commotion, comme on l'a éprouvé sur un Chaudronier, la nuit suivante on ressent de part & d'autre dans les reins des douleurs très-aigues, de sorte qu'on pourroit à coup sûr prédire cet événement sans crainte de se tromper.

Il s'agit dans la quatriéme observation dont nous allons rendre compte, d'une hémi-plégie imparfaite, qui venoit de naissance. Pierre *Lafoux*, jeune homme de 15 ans, étoit hémi-plégique dès son enfance, ce qu'on attribuoit à une peur qu'avoit eue sa nourrice dans le tems qu'elle l'allaitoit. Dès l'âge de 4 ans, il avoit usé d'un grand nombre de remédes. Son bras & sa cuisse du côté gauche étoient extrêmement maigres, sans cependant être dépourvûs de tout sentiment ; mais il y avoit dans ſon bras une ſi grande débilité de nerfs, qu'il ne pouvoit rien empoigner ni tenir avec la main, parce que ſon pouce étoit recourbé & caché derriere les autres doigts, qui étoient roides & immobiles.

Le 8. du mois de Mars, on commença à l'électriſer, & l'on continua preſque tous les jours à la maniere accoutumée, juſqu'au 20 d'Avril, & depuis le quatriéme jour on lui appliqua la commotion.

Le 9, il ne reſſentoit rien ; le 10, il éprouva pendant la nuit des picotemens très-vifs dans le bras, le 11, on redoubla les commotions ; le 13, ſon bras ſe fortifia, & les picotemens continuerent pendant la nuit ; le 17, il parut que le bras reprenoit de l'embonpoint & de nouvelles forces ; le 18, il portoit ſans peine ſon ſiége à la main ; le 20, on étoit ſurpris de voir avec quelle facilité il manioit le marteau ; le 25, ſon pouce qui étoit comme dans une priſon, ſe dégagea de ſes liens, de ſorte qu'il porta juſques chez lui un pot plein d'eau. Le premier d'Avril tout alla mieux de jour en jour, les picotemens continuant pendant la nuit ; le 5, les mêmes picotemens ſe terminerent à l'extrêmité des doigts paralytiques de la main ; le 9 , le pouce du pied fe rétablit , & il marcha avec beaucoup plus d'aifance. Les doigts de la main étant devenus plus fléxibles & le bras plus mobile , il souleva facilement un poids de 20 livres. Le 17 , il en leva un autre de 30 livres , de forte qu'il s'en retourna guéri , fon bras ayant pris de l'embonpoint & fa main une telle vigueur , qu'il s'en fert actuellement pour manger fort à fon aife ; ce qu'il n'avoit pû faire en aucune façon jufqu'alors. Huitiéme guérifon.

Le fuccès a été tel dans la plûpart de ces expériences , que l'on peut regarder comme miraculeufes , que non-feulement on eft venu à bout de guérir les maladies qu'on avoit en vûe ; mais fouvent il eft arrivé qu'on en guériffoit en même tems d'autres qui étoient compliquées , & pour lefquelles on n'imaginoit pas que l'électricité dût avoir quelque vertu. En voici une de cette efpéce , c'eft une hémi-plégie de naiffance avec un bégayement.

Antoine Picard , du Village *de la Valfere* , peu diftant de Montpellier , âgé de 19 ans , étoit hémi-plégique depuis l'âge de deux ans , ayant les Neuviéme guérifon.

genoux enchilofés, la main gauche
rétrécie & immobile, enflée confidérablement par des engelûres & d'une
fi grande roideur, qu'il avoit peine à la
lever jufqu'à la hauteur de la poitrine.
Il fut électrifé fur la fin de 1748 à
plufieurs reprifes, & fouvent par un
tems de pluye jufqu'à 18 fois; on lui
tira maintes étincelles des parotides &
de la nuque du col, pour dégager fa
langue qui étoit fort embarraffée; &
tout alla fi bien, qu'au bout de quelques mois, il fe fervit de fa main pour
manger; la cure fut entiere, à l'exception de la langue qu'on n'a pû venir à
bout de dégager d'une maniere bien
parfaite, quoique l'électricité lui ait
caufé l'efpace de deux mois une falivation confidérable pendant la nuit.
On augmenta encore cette falivation
les jours fuivans, en lui tirant des étincelles immédiatement de la langue &
des parties voifines des oreilles; ce qui
prouve que l'électricité peut être regardée comme un nouveau reméde fa-
livatoire, duquel on peut attendre un
très-grand fuccès; & les falivations,
quoique copieufes qu'elle excite, n'ont
rien qui doive épouvanter; car elles
ont toujours ceffé dans cet hémi-plégi-

que le second jour après l'électrisation, suivant l'observation qu'en avoit déja faite auparavant M. Jallabert, ce qu'on a eu lieu de remarquer aussi dans d'autres sujets.

La salivation n'est pas la seule proprieté de l'électricité qu'on ait découvert, le hazard en a fait appercevoir une autre, qui n'est pas moins admirable, & l'on sera surpris de voir combien elle est puissante pour résoudre les tumeurs soit aux pieds, soit aux mains.

Un certain Ouvrier de Montpellier, qui, je crois, fut le premier qui ait eu des machines électriques en cette Ville, se faisant aider dans ses opérations par son pere âgé de 60 ans, & qui avoit les jambes toutes couvertes de tumeurs molles & froides, fut extrêmement étonné de voir en peu de jours ce bon pere parfaitement & radicalement guéri. Un Docteur en Médecine de la même Ville, qui y étoit présent, s'étant fait tirer des étincelles d'une petite tumeur rouge en forme de pustule qu'il avoit au-dedans de la main, on la vit s'enfler considérablement dans l'espace de quelques minutes & se résoudre en suppuration.

Dixiéme guérison.

Onziéme
guérison.

Ajoûtons encore un fait affez intéreffant. Un certain Jean-Baptifte *Granier*, de Montpellier, âgé de 9 ans,
avoit eu dans fon enfance une chûte
qui l'avoit rendu fi foible des reins,
qu'il ne pouvoit marcher qu'avec des
béquilles fous les aiffelles; fes pieds
abfolument courbes & retournés en
dedans, ne pofoient à terre que très-
fuperficiellement fur le côté, de forte
que ce corps ainfi foutenu fur des béquilles, fe remuoit à peu près comme
une cloche fufpendue fur fon axe : ce
jeune homme, dis-je, ayant été électrifé une feule fois par jour, depuis le
27 Mars, jufqu'au 13 Avril 1749, le
fuccès fut fi heureux, que fes pieds
reprirent leur pofition & leur chaleur
naturelle, de maniere qu'à l'aide fimplement d'une canne qu'il portoit à la
main, il marchoit fort à fon aife &
même avec affez de vîteffe, ayant tout
le corps parfaitement libre & dégagé.

Dans le cours des expériences faites
fur *Picard*, que nous venons de citer,
& fur *Ravifé* dont nous parlerons
bientôt. Tous les affiftans, ainfi que
les malades eux-mêmes, ne pouvoient
s'empêcher de rire, lorfqu'en tirant
des étincelles du mufcle du col appellé

maſtoïdien, on voyoit que leur tête ſe portoit par un mouvement forcé & involontaire, preſque auſſi-tôt vers le côté oppoſé, de même qu'une marionette que l'on fait obéir par le moyen d'un fil, ce qui étoit très-amuſant. D'où l'on peut démontrer, ce ſemble, avec aſſez d'évidence, le véritable uſage de ce muſcle, que l'on croyoit ſervir à mouvoir la tête en devant.

Il nous reſte à rendre compte de deux hémi-plégies compliquées, plus ſérieuſes encore que les précédentes, c'eſt-à-dire, de deux hémi-plégiques & épileptiques tout enſemble.

Le premier qui s'appelle *Ravisé*, âgé de 18 ans, fils d'un Serrurier de Montpellier, à l'iſſue d'une petite-vérole qu'il eut à l'âge de trois ans, devint hémi-plégique du côté droit. Les eaux de Balaruc n'ayant rien fait, le côté droit tomba dans l'atrophie. La main recourbée depuis le carpe, faiſoit un angle aigu avec le bras ; les doigts étoient immobiles & colés les uns contre les autres, ſans être cependant abſolument roides ; mais ils étoient froids, un peu racourcis, & deſtitués de mouvement & de ſentiment, comme le bras. La jambe du même côté, étoit aussi seche & froide , & un peu plus courte que l'autre , ce qui rendoit le sujet en question boiteux : mais ce qui étoit pis encore , c'est que ce jeune homme étoit attaqué depuis son enfance très-souvent d'épilepsie , de sorte qu'il tomboit dans une semaine à plusieurs reprises , & souvent trois ou quatre fois par jour ; ajoûtez à cela que son esprit étoit si hébété , qu'il ne répondoit aux demandes qu'on lui faisoit que par monosillabes.

M. Déidé attendri par les prieres & les larmes de son pere , entreprit de l'électriser le 12 Février 1749. Les trois premiers jours , il fut insensible & comme stupide & immobile , il ne dit pas un seul mot ; le 15 , il se présenta avec hardiesse & une espéce de fierté , & il parut très - sensible aux étincelles ; le 17 , il se plaignit d'une demangeaison très-forte , qui lui étoit survenue pendant la nuit dans les parties affectées , & dèslors on lui appliqua la commotion en tirant toujours des étincelles du col , de la main & du carpe ; le 18 , son pere , qui ne le quittoit point, rempli de joye, vint annoncer que son fils commençoit à être beaucoup moins mélancolique qu'à

l'ordinaire; le 20, il marcha avec plus
de facilité & d'une maniere plus asûrée, & remua aussi un peu les doigts.
Le 21, il eut, selon sa coutume, pendant la nuit une attaque d'épilepsie,
mais sans récidive; il en eut encore
une autre qui dura peu, de laquelle il
ne lui resta qu'un léger mal de tête,
qui se dissipa bientôt. Du reste, son
bras étoit beaucoup plus libre & il
marchoit plus gayement : tout de suite
on eut soin de lui attacher dans l'intérieur de la main une feüille de bois,
afin que petit à petit il pût l'étendre &
la dresser.

Le 9 & le 15 Mars, il survint encore
une attaque d'épilepsie, qui ne dura
tout au plus que trois ou quatre minutes, tandis que le paroxisme, avant
qu'il fût électrisé, duroit une heure
ou une bonne demie-heure au moins,
pendant lequel tems il étoit cruellement tourmenté.

Le 24, il ôta pour la premiere fois *Douziéme*
& avec une joye indicible son bonnet, *guérison.*
de la main dont il n'avoit pû faire jusques-là aucun usage, les veines qui paroissoient sur les parties paralytiques
se dissiperent. Il se trouva beaucoup
plus dispos de ses membres; il parla

aisément & en homme sensé, & tout
le reste du mois il ne fut plus question
d'épilepsie. La cure n'alla pas plus loin,
parce que M. Déidé avoit pour lors un
voyage à faire : mais on ne doit pas
regarder comme peu de chose un soulagement si considérable dans ces deux
sortes de maladies, que l'on sçait être
si opiniâtres & si difficiles à guérir.

Nous ne finirons cependant pas sans
dire, que M. Jallabert apperçut dans
son paralytique, ce qu'on a vû depuis
dans trois ou quatre autres à Montpellier, dont celui-ci est du nombre ; que
l'électricité avoit fait revenir d'abord
l'embonpoint dans les parties amai-
gries & décharnées, ce qui fournit un
grand argument pour prouver que le
fluide nerveux sert à nourrir les parties, tant par le dégagement des vaisseaux, que par la fusion des fluides qui
y étoient auparavant comme épaissis.

Treiziéme guérison. Il nous reste à examiner la seconde
hémi-plégie accompagnée d'épilepsie.
Gevaudan, âgé de 20 ans, natif de
Montpellier, hémi-plégique & épileptique dès le berceau, avoit, ainsi que
Ravisé, le côté gauche foible & attaqué ; le bras étoit recourbé vers les
épaules, de sorte qu'on l'eût pris pour

un homme sans poignet, ou pour un vrai manchot ; sa main malade étoit livide & froide, immobile & très-maigre ; il étoit boiteux du pied gauche, à cause de l'atrophie, de la foiblesse & de la roideur qui y regnoient tout ensemble ; on l'électrisa depuis le 16 Février 1749, jusqu'au 21 Avril. L'électrisation se fit réguliérement tous les jours l'espace de deux mois, pendant lequel tems, il n'eut que deux ou trois attaques très-légeres & très-courtes d'épilepsie, quoique auparavant il en tombât aussi fréquemment que *Ravisé*, & en fût aussi tourmenté que lui par la longueur des paroxismes. Dès le premier mois, on lui ajusta une férule dans la main, & l'électrisation n'eut d'autres effets quant à l'hémi-plégie, que de rendre cette main fléxible & mobile ; de sorte que le premier d'Avril il eut assez de force pour porter un siége avec sa main, sans cependant en avoir suffisamment pour pouvoir travailler. Du reste, la maigreur & la couleur livide disparurent, les veines s'enflerent d'elles-mêmes, la chaleur revint, & il marcha beaucoup plus aisément.

Il est vrai qu'on ne doit pas regarder

cette guérifon comme bien entiere &
bien parfaite, puifque ni la main n'a-
voit pû fe remettre tout-à-fait dans fa
fituation naturelle, ni recouvrer toutes fes forces ; mais on ne doit pas regarder comme peu de chofe les effets
qu'on vient de déduire, & de ce qu'on
eft parvenu à rendre dans ces deux fujets, *Gevaudan* & *Ravifé*, les attaques
de l'épilepfie, & beaucoup plus légeres
& infiniment moins fréquentes. On
peut même avancer avec affez de fondement, que fi on avoit pû continuer
les mêmes foins encore pendant quelque tems à ces deux malades, qu'on
feroit parvenu à les guérir radicalement ; mais comme on étoit fur la fin
du tems qui avoit été deftiné à cet ufage, & que d'ailleurs le nombre des
malades étoit fi grand, qu'on en étoit
accablé, il n'y eut pas moyen d'en faire
davantage.

La preuve de ceci fe trouve dans
Gevaudan même, car les mois fuivans
il furvint à fon bras paralytique quantité de puftules rouges, qui lui caufoient
de la douleur & de la demangeaifon,
lefquelles fe diffiperent dans l'efpace de
quatre jours, après lui avoir tiré quelques étincelles ; il en étoit furvenu
aufli

aussi sur tout le corps à un autre hémi-
plégique, qui étoit entiérement privé
de l'usage de la parole, & qui de tems
en tems avoit la fiévre. Comme on lui
eut conseillé de se préparer quelque
tems par l'usage des remédes ordinaires, & qu'il négligea de se conformer
à cet avis, l'électricité n'apporta aucun
changement à sa maladie, ni en bien,
ni en mal ; il y eut même cela de particulier en lui, que quoique les autres
hémi - plégiques ressentissent d'une
électrisation assidue des picotemens
passagers, qui couroient rapidement
d'une partie à l'autre, lui ne s'apper-
cevoit que d'une sensation semblable à
une demangeaison, & ce seulement
dans les membres paralytiques.

Puisque nous sommes dans le cours
des guérisons de Montpellier, il ne
sera pas étranger à mon sujet de rapporter ici une histoire, que l'Editeur
de l'Ouvrage sur l'électricité de M.
Jallabert a inserée dans la seconde édi-
tion, sans doute pour avertir les Physiciens électrisans, que l'électricité, quoique souveraine pour certaines maladies,
peut être nuisible à d'autres, & qu'ainsi
ils doivent agir avec intelligence.

Néanmoins il est bon de sçavoir que

c'eſt le premier hémi-plégique ſur lequel on ait fait des tentatives à Montpellier ; & qui en étoit l'Opérateur ?
C'étoit un Chaudronier , homme fort
expert , quand il s'agit de conſtruire
un chaudron où une marmite , mais
très-peu connoiſſeur , ainſi qu'on peut
bien ſe l'imaginer , en fait de maladies.

L'hémi plégique dont eſt queſtion ,
avoit tout à la fois une toux très-ſeche,
une fiévre lente & continuelle , avec
des ſueurs fort copieuſes pendant la
nuit , & par-deſſus tout une grande
maigreur avec une phtiſie qui le con-
ſumoit. Cet homme , dis - je , ſe fit
électriſer pluſieurs fois. Si-tôt qu'un
Médecin de cette Ville qui connoiſſoit
ſon état en fut informé , il empêcha
qu'on ne l'électriſât davantage , parce
qu'incontinent après l'opération , il
éprouvoit des ſueurs conſidérables , &
étoit fatigué de ſa toux qui ne finiſſoit
pas. Ce Docteur , ſuivant les principes
de ſon Art , comprenoit parfaitement
que l'électricité devoit être contraire
aux phtiſiques , n'étant point du tout
ſurprenant que le même reméde , qui
met en mouvement les fluides viſ-
queux en les attenuant , & en ébranlant

les vaiffeaux pareffeux & engourdis, n'augmente la force & la vivacité des remédes âcres, & qui fe trouvent en diffolution, & n'accélere la fuppuration. La paralyfie cependant n'en fut pas moins guérie prefqu'entiérement ; mais le malade mourut enfin de la phtifie. Il ne paroît pas que cet accident doive porter un grand coup à l'électricité, puifqu'il eft évident que l'imprudence du malade y a plus de part que tout le refte. On fe tiendra feulement pour averti, que les phtifiques ne font pas gens propres à être électrifés.

Il eft encore quelques autres petites obfervations, qui naquirent des expériences de Montpellier, pas tout-à-fait auffi importantes (fi on le veut) que les précédentes ; mais qui ne laiffent pas que d'avoir leur mérite.

Deux fujets, dont l'un fe nommoit le jeune Picard & l'autre le vieux Saint Jean, toutes les fois qu'ils fe faifoient électrifer environ l'efpace de 18 minutes, pendant le mois de Novembre, éprouvoient auffi une fueur très-abondante, mais qui n'approchoit pas à beaucoup près de celle du phtifique dont nous avons parlé ; ce qui eft une nouvelle preuve qu'on peut beaucoup compter sur ce genre de médicament, pour exciter la transpiration, comme on l'a dit au commencement de la troisiéme Partie de cette Histoire.

Un jour que les Opérateurs électrisans se trouvoient au nombre de sept, assemblés dans une chambre pour y faire les expériences de l'électricité ; il leur vint en idée de chercher quelle force la vertu électrique pouvoit avoir pour augmenter le mouvement & la circulation du sang. Par le moyen d'une pendule, dont le balancier frappoit les secondes, ils éprouverent la vîtesse de leur pouls jusqu'à cent battemens ; ensuite chacun d'eux en particulier s'appliqua à connoître combien le pouls battoit de fois pendant un quart d'heure d'électrisation ; & ainsi ils s'apperçurent que les battemens étoient augmentés environ d'une sixiéme partie, de sorte que tel qui avoit ordinairement 72 battemens par minute, en comptoit 84 pendant l'électrisation. Ils ne purent déterminer si exactement combien la veine ou l'artére grossissoit. Cependant il leur parut que l'augmentation de l'un ou de l'autre se faisoit dans la même proportion, si même elle n'excédoit un peu. D'où ils conclu-

rent affez conféquemment, que la force du fang s'accroît par l'électrifation,
comme 216 à 343, ou comme 73 à
114, & qu'ainfi elle augmentoit d'une
troifiéme partie.

On ne peut douter que le fang ne
foit affecté pendant l'électrifation d'a-
près l'expérience de Monfieur Boë-
clere, Profeffeur en Médecine à Straf-
bourg, qui confifte en ce qu'ayant
ouvert la veine à un homme dans un
lieu obfcur, le fang qui en fortoit
lançoit des étincelles de toutes parts,
& faifoit paroître comme une pluye de
feu qui tomboit dans la palette. Quelqu'un fur ces entrefaites voulut toucher le jet du fang avec le bout du
doigt, à l'inftant le fujet reffentit dans
l'intérieur de fon bras une douleur des
plus vives & des plus piquantes ; mais
il s'en fallut bien que cela eût trait
jufqu'à la mort, ainfi que le profond
Auteur des Obfervations notre Chirurgien de la Salpétriere en queftion, a
ofé l'affûrer bien pofitivement * ; le fu- * Pag. 45.
jet n'en eut pas même la moindre incommodité.

Pour en revenir à nos hémi-plégiques de Montpellier, nous ne diffimu-
lerons pas, (car nous nous faifons

gloire d'une exacte impartialité, & de
dire avec franchise ce qui peut être
pour & contre l'électricité) qu'on a
électrisé quelques paralytiques sans
aucun succès, comme un Trésorier
âgé de soixante ans, & un autre malade
qui s'étoit rendu exprès depuis la Ville
du Vigan ; mais à l'exception du phti-
sique, il ne s'est trouvé personne qui
ait pû se plaindre que l'électricité lui
ait altéré en aucune façon la santé, &
lui ait causé le moindre dommage. Il
y a eu seulement beaucoup de mécon-
tens, parce que l'affluence de paralytiques, de pauvres, d'estropiés & de
malades de toute espéce étoit si grande,
que les uns n'ont pû être électrisés
qu'un brin, les autres point du tout.
Chaque jour pendant deux ou trois
mois environ, vingt sujets appro-
choient le soir après-midi de la machine électrique, les succès tenoient si
fort du prodige, que tant à Montpellier qu'aux environs, la populace &
surtout les femmeletes, qualifioient de
magie les opérations de la vertu électrique ; il n'a fallu rien moins que des
témoins oculaires, gens de la derniere
probité & pleins de Religion, qui pré-
sidassent à ces expériences pour les

détromper ; & ce qui ne contribua pas peu à les fortifier dans leurs conjectures, ce fut les deux guérisons suivantes, dont la rapidité & la perfection approchoit encore plus du miracle que toutes les autres. Lès voici :

Guillaume Julian, Plâtrier, demeurant à Montpéllier, étoit tellement tourmenté d'un vertige depuis quelques mois, qu'après avoir employé toutes sortes de remédes, il n'avoit pû se guérir. Il se présenta auprès de la machine électrique appuyé sur un bâton, qui lui étoit d'un si grand secours, que même de tems en tems il étoit obligé de s'asseoir crainte de tomber par terre. Il avoit encore la vûe lesée, & voyoit les objets doubles toutes les fois qu'il tournoit horisontalement la tête à droite ou à gauche, & principalement s'il fixoit quelque objet dans cette attitude. A la troisiéme électrisation, cet homme commença à marcher ferme sans bâton, à se lever de son lit sans s'appercevoir davantage d'aucun vertige, & retourna à ses premieres occupations. Dès ce jour on ferma le laboratoire électrique. Quatorziéme guérison.

L'autre guérison, non moins prompte que celle-ci, s'accomplit dans le nommé Quinziéme guérison de

Daumas, du Village de *Baillargues*,
âgé de 49 ans, lequel portoit des ulcéres depuis 12 ou 15 mois, accompa-
gnées d'une douleur très-aigue aux
genoux, & d'une tumeur, en sorte qu'il
pouvoit à peine les plier pour se lever
& s'asseoir. Le 21 Avril, il vint prier
avec instance qu'on voulût bien l'électrifer, & il supplia de si bonne grace,
qu'on y consentit, quoique la machine
électrique eût cessé d'être publique depuis deux jours. Il monta donc avec
empressement, à l'aide de son bâton, sur
le gâteau de poix, & dans le moment
il sentit des vibrations courir & s'é-
tendre par tout son corps jusqu'aux or-
teils. Après sept minutes d'électrisation, on le renvoya; mais on ne peut
exprimer quelle fut sa joye & son ra-
vissement, lorsqu'il se sentit entiérement délivré de ses douleurs & qu'il
avoit recouvré parfaitement l'usage de
ses jambes. Il étoit dans un si grand
transport d'allégresse qu'il croyoit que
c'étoit un rêve, & qu'il fut pendant
plus d'une demie-heure à revenir de
son étonnement & de sa surprise, à la
vûe d'un changement si inattendu.

C'est-là où finit la premiere séance
des Docteurs en Médecine de Montpellier

pellier au sujet de l'électricité, qui ne
fait certainement pas moins d'honneur
à la célébre Faculté qui décore cette
Ville, & dont la réputation s'est ac-
crue dans tous les siécles, qu'à la di-
vine & toute puissante vertu de l'é-
lectricité, qui mériteroit qu'on brûlât
pour encens sur ses Autels, une bonne
partie de ces compilations immenses
d'Auteurs & de Commentateurs, qui
la plûpart se sont épuisés à indiquer
des remédes éternels, souvent aussi infructueux que nuisibles pour les maladies dont nous avons parlé ; tandis
que l'électricité, sans frais & presque
sans s'en appercevoir, les guérit radicalement.

Mais quoi ! Il me semble entendre
d'ici nos frondeurs de l'électricité qui
ont peine à digérer cette proposition,
& qui, pour toute solution, s'écrient,
ô hazard ! Mais Messieurs les Docteurs,
un moment d'attention, je vous prie,
& raisonnons un peu ensemble, si
toutefois on le peut avec vous. Qu'en-
tend-t'on ordinairement par une hémi-
plégique ? Celui, dites-vous, qui est
privé en tout ou en partie du mouvement, ou du sentiment dans la moitié
du corps, soit à droite, soit à gauche.

Part. III. I

(bon) La caufe de l'hemi-plegie, felon vous, quelle eſt-elle ? ce n'eſt autre chofe que l'épaiſſiſſement du fluide nerveux, & fon défaut de circulation par les nerfs qui s'étendent à la partie affectée ; car dès lors que de l'un ou de l'autre côté le cours des efprits de la moëlle fpinale ou allongée eſt inter-cepté, il eſt néceſſaire que les nerfs & conféquemment les mufcles qui en font privés foient hors d'état d'exécu-ter le mouvement & le fentiment. (fort bien,) Répondez-moi encore..., Pourquoi le fluide nerveux s'arrête-t'il ? n'eſt-ce pas parce qu'il a moins de force pour fe faire un paffage, que les obftacles qu'il rencontre n'en ont pour le lui fermer ; de forte que le défaut de fentiment & de mouvement doit être attribué ou à la foibleffe de la puiffance motrice qui pouffe le fluide nerveux, ou à la réſiſtance qu'il trou-ve, ou à tous les deux en même tems. (oui, dites vous,) Je conclurai donc que pour guérir une femblable mala-die il faut en détruire la caufe par fes contraires, & que cette caufe prove-nant de ce que la force du fluide ner-veux eſt moindre que la réſiſtance qu'il trouve dans les canaux des nerfs, il s'agit d'augmenter la force de ce fluide, en le rendant victorieux des obftacles qu'il rencontre, ou ce qui eft la même chofe, d'écarter ces obftacles, d'en diminuer la réfiftance, & d'accroître la force du fluide.

Or il eft bon que vous fçachiez, Meffieurs, qu'on augmente la force d'un fluide nerveux, ou en augmentant fa maffe & fon volume, ou fa maffe & fon volume étant le même en lui imprimant du dehors un mouvement étranger; penfez-vous que l'électricité puiffe en effet remplir ce point de vûe, je vous laiffe à y réflechir pendant que je vais vous établir tout de fuite un autre raifonnement.

La réfiftance des nerfs diminue, fi l'on vient à divifer & difcuter la limphe vifqueufe par des aromates ou des eaux minérales propres à cet effet, comme celles qui abondent en parties fulphureufes, telles que celles de Barrege, de Bannieres, &c. dans le Bigorre; de Bagneuls, dans le Gevaudan de Saint Laurent, dans le Vivarets, ou de plus foibles, comme célles de Rennes, de la Malou dans le Languedoc, d'Aix en Provence, qui toutes font à préferer pour les malades vifs,

ſecs , maigres , lorſque ce ſont des matieres âcres , viſqueuſes , rumatiſan-
tes , tendantes à la colique , gouteu-
ſes , véroliques. Lorſque c'eſt un temperament qui abonde en pituite , que
ce ſont des humeurs pareſſeuſes , &
qu'il y a un relachement dans les ſolides , on a recours aux eaux impregnées de ſel marin , comme celles de
Balaruc en Languedoc , de Bourbon-
Lancy en Bourgogne , de Bourbonne
en Champagne , de Digne en Provence , ou aux eaux qui ſont impregnées
de ſel de fontaine alkalin , comme
celles de Vichi , & du Mont-d'or , en
Auvergne , de Sainte Reine , & de
Bourbon l'Archambaut , de Pougues
dans le Nivernois , &c. Ces eaux ther-
males ſe prennent en boiſſon ou par
forme de bain ; ſoit à la ſource même,
ſoit dans un baignoir particulier , après
toutes fois qu'on a eû ſoin de faire
précéder la ſaignée , les purgations &
les bouillons apéritifs. On s'en ſert encore par maniere d'embrocation , en
appliquant leur boue en forme de ca-
taplâme.

Voila le premier moyen que fournit
la nature pour affoiblir & diſſiper la
réſiſtance dans les fibres nerveuſes ; on

vient encore à bout d'opérer le même effet, en otant par des remédes qu'enseigne la Chirurgie médicale, les os brisés, luxés, les excrescences de chair & osseuses, les tumeurs sanguinolentes & pituiteuses qui compriment les nerfs, la moëlle de l'épine & le cervelet, & si cette compression procéde d'une cause interne, comme des humeurs, l'abondance des serosités doit être dissipée par des remédes purgatifs sudorifiques & diuretiques.

Mais comme l'hemiplegie occasionnée par quelque cause interne, & qui succéde à une attaque d'apoplexie, ou d'épilepsie, résiste aux remédes ordinaires, & qu'on sçait qu'elle provient d'une limphe visqueuse, paresseuse & de l'atonie des solides; quoique jusqu'à présent on l'ait regardée comme incurable, néanmoins, ainsi que nous l'avons vû par tout les faits cités, on peut la guérir ou du moins la soulager considérablement par le moyen de l'électricité; je dis plus, c'est que l'électricité est peut-être le seul & unique reméde à ces maux, puisque de l'aveu même des Médecins tous les autres sont insuffisans.

Après cela M. le Chirurgien de la

Salpétriere , (car vous devez figurer
encore ici) en vain employerez-vous
toute votre réthorique pour nous prouver que l'électricité ne peut-être que
nuisible à la paralysie. J'aime à vous
entendre poser ces fameux principes
que vous nous avez déployés avec tant
d'éloquence dans vos doctes observations au sujet de cette maladie. *Les*
causes , dites-vous , *sont tout ce qui peut*
faire obstacle au cours des esprits dans
les nerfs ; cette définition retenant
quelque chose de celle de la Faculté de
Montpellier , on vous la passe , mais
il n'en est pas de même du détail que
vous en faites. »La roideur & le ra-
»cornissement des fibres que vous met-
»tez pour troisiéme cause de la para-
»lysie ; l'atonie ou le défaut du ressort
»des solides pour la quatriéme , l'obs-
»truction causée par la plethore , par
»un dépôt de matieres vicieuses dans
»les vaisseaux des nerfs , pour la cin-
»quiéme , forment des obstacles , selon
»vous , invincibles à l'électricité ; car
»l'inflexibilité des fibres (c'est votre
»raisonnement ,) demandant l'admi-
»nistration de tous les moyens capables
»de rélacher, & l'électricité ne vous pa-
»roissant pas pouvoir amolir les parois

Page 87
des Obser-
vations.

Page 91.

»des vaisseaux, vous vous êtes dispensé
»d'en faire des épreuves dans ces cas.. ..
Sçavantes conjectures, M. le Chirurgien, continuez». ... La paralysie
»par le défaut du ressort des solides se
»guérit par l'usage circonspect des re-
»médes fortifians & toniques. »Ici
vous parlez juste. Après... »L'électri-
»sation ne paroît point opposée à l'in-
»dication que présente l'inertie des so-
»lides. .. »Vous n'êtes pas heureux,
je vous le repéte, dans vos doutes
scientifiques, soyez un peu plus sur
vos gardes.... »La paralysie par obf-
»truction doit être sérieusement exa-
»minée selon ses causes ; si elle est pro-
»duite par la plethore, on y remédie
»par tous les moyens qui conviennent
»pour les traitemens des engorgemens.
»Les saignées, les delayans, & ensuite
»les purgatifs combattent cette para-
»lysie humorale » ... Cela est à mer-
veille, mais faites bien reflexion à ce
que vous allez dire. .... »Je ne pré-
»sume pas que personne trouve une
»vertu fondante & purgative dans
»l'électricité, pour espérer quelque
»chose de son opération dans la cure
»de la paralysie humorale cronique,
»elle servira encore moins dans l'aigue

I iiij

92.

Idem

93.

Idem.

95.

»qui ne differe point effentiellement
»de l'apoplexie. . . . . Ah voila qui eft
de trop, avec votre permiffion M. l'Obfervateur , & qui ne foutient pas cette
belle logique *Chirurgo-medicale* ! que
vous nous avez fait l'honneur de nous
étaler tout à l'heure.

"Sans doute que vous allez réparer
ces inconféquences par les fublimes
idées que vous vous êtes faités de la
commotion électrique , faites nous en
part au plutôt, je vous prie. . . . .

Page. 135. »Si l'on veut bien comparer les effets
»que produit la commotion électri-
»que avec ce qui a été dit (dans
votre brochure bien entendu ,) des
»caufes de la paralyfie & des indica-
»tions que cette maladie préfente dans
»diverfes circônftances, on n'héfitera
»pas , je penfe , à décider fi elle eft un
»moyen curatif, & fi ce moyen peut
»convenir où il a parû d'abord pou-
»voir être de quelque utilité.

Nous le fçavons, M. le Chirurgien , vous vous êtes déja fuffifamment décidé, achevez. . . . »Suivant ces
Page 145. »notions la communication de l'électri-
»cité paroît pouvoir être de quelque
»utilité , à l'exclufion de la commotion
»qui n'électrife pas le corps qui la re-

»çoit, il eſt d'ailleurs douteux que la
»percuſſion ſoit un effet propre de la
»matiere électrique, l'air ſemble en
»effet y avoir plus de part ſuivant
»les conjectures que j'ai avancées
»ſur le méchaniſme de l'électricité.
»(*Dieu, quelles conjectures,*) & en
»ſuppoſant même que la commotion
»ne ſoit qu'une exploſion de la ma-
»tiere électrique, elle n'en ſeroit pas
»moins inutile & dangereuſe, lorſque
»l'action ſera violente. . . .

Ou êtes-vous donc M. l'Abbé Nollet
pour exalter une ſeconde fois le merveilleux de cette Phiſique ? que ſa
nouveauté & ſa ſublimité va porter
coup à vos idées, & au ſiſtême que
vous avez publié ; tremblez. . . . . . &
vous Meſſieurs les Médecins électriſans
de Montpellier, à quoi avez-vous donc
penſé, en oſant répéter ſi ſouvent une
expérience (la commotion,) que l'on
vous aſſûre être mortelle, & que l'on
vous dit être abſolument inutile au
but que vous vous propoſez ? quel
étoit votre entêtement de vouloir tirer
des étincelles des parties affectées,
puiſqu'un ſi expert Obſervateur vous
annonce, page 152 »que l'électricité
»n'agit point du tout ſur les nerfs ſen-

» fitifs , & moteurs , privés d'action
» dans une partie paralytique , à quoi
bon faire fouffrir ainfi tant de pauvres
miférables , quand on vous apprend,
page 154, »que lorfqu'on croira avoir
»des fignes de la mobilité des matieres
» qui forment l'obftruction des vaif-
» feaux dans la paralyfie, l'électricité
» fera au moins inutile? . . & page 55.
» qu'on ne peut pas beaucoup attendre
» de l'électricité dans la paralyfie par
» débilité des folides. . . . & page 157
» que l'électricité ne peut rien contre
» l'atonie , &c. . . . Comment ! pour
des Médecins & des Médecins de
Montpellier , ofer faire des tentatives
contre tous les principes , contre les
principes les plus lumineux , les plus
clairs, contre l'avis & malgré la défen-
fe expreffe d'un des Chirurgiens de la
Salpetriere , des plus famé & des plus
connu ! en vérité Meffieurs les Docteurs , vous êtes inexcufables , & bien
s'en prend pour votre honneur que le
bonheur vous en ait dit un peu dans
les tentatives que vous avez eû la témérité de faire. Non , c'étoit un cas
impardonnable , fi *Brun* , *Samuel* , &
Granier n'étoient venus à votre fecours
pour vous fervir de preuve que la

troifiéme efpéce d'hemi-plegie ou de
paralyfie citée par l'Auteur des obfervations, & qui confifte, felon lui,
dans la roideur & le racorniffement
des fibres peut être guérie par le moyen
de l'électricité ; c'en étoit fait, fi *Ga-
roufte*, *Gevaudan* & *Picard* ne s'étoient
préfentés comme autant de témoins
pour certifier qu'une hémiplegie ou
paralyfie, provenant de l'atonie des
folides, ou de l'obftruction des nerfs,
ou même avec attrophie, pouvoit
être diffipée fans retour ; & fi enfin
tous les malades à qui vous avez réite-
ré tant de fois la commotion, n'étoient
autant de piéces juftificatives & par-
lantes, que non-feulement la commotion n'eft pas meurtriere ou mortelle,
comme le veut notre Auteur-Chirur-
gien, mais même que c'eft principalement à elle à qui vous êtes redevables
de vos fuccès. Bonjour donc, pour
le coup M. le Chirurgien de la Salpétriere, recevez pour la derniere fois
nos complimens ; vous avez brillé ici
autant qu'on pouvoit le faire, & que
raifonnablement on pouvoit l'atten-
tendre d'un homme auffi verfé que
vous dans la Théorie & la pratique de
la faine Phifique, & en particulier de
l'electricité.

Guérisons de Turin.

Les prodiges dont nous venons de rendre compte commencoient à accroître prodigieusement la réputation de l'électricité, mais ce fut bien pis lorsqu'on apprit que sa vertu ne se bornoit pas seulement à la paralysie, & qu'elle avoit le même empire sur beaucoup d'autres maladies. Les cures surprenantes que l'on publioit avoir été faites par son moyen, devoient piquer la curiosité de tous les vrais Phisiciens; aussi M. l'Abbé Nollet voyant que des personnes d'une autorité respectable attestoient les guérisons éclatantes qui s'étoient faites dans le Piédmont & dans l'Italie, écrivit à M. Bianchi, Professeur de Médecine à Turin, qui lui envoya un Extrait fort ample de ses Observations parmi lesquelles on trouve les suivantes.

Premiere guerison de Turin. Une femme qui depuis plusieurs semaines ressentoit une sciatique très douloureuse depuis la hanche droite jusqu'au genoüil, & cela presque continuellement & principalement la nuit, ayant été électrisée une seule fois ne ressentit plus de douleurs, & parut dès ce tems là totalement guérie.

Le 15 Mai 1748, fut électrifé avec le fimple cylindre *Jean-François Cal-cagnia*, âgé de trente-cinq ans, qui depuis environ douze ans étoit paralytique du bras gauche, de telle maniere que pendant tout cet intervale de tems il n'avoit jamais pû porter fa main à fa têtê : dès la premiere électrifation il leva tout de fuite le bras, toucha fon vifage, & parut le remuer à fon gré.

Dans le mois de Juillet de la même année, un Bonnetier nommé *François* *Bianco*, âgé de vingt-un ans, avoit depuis deux ans toutes les articulations tellement entreprifes, pour avoir couché dans un lieu humide, qu'il ne pouvoit aucunement fe fervir, ni de fes pieds pour marcher, ni de fes mains pour travailler ; ayant été électrifé une premiere fois avec un cylidre préparé, il reprit les forces qu'il avoit perdues, il remua fans douleur toutes fes articulations, & ayant encore été électrifé de même, il continua d'aller de mieux en mieux, jufqu'à ce qu'enfin, ce qui arriva en peu de tems, il fût entierement guéri.

Le nommé *Pierre Mauro*, ayant tenu dans fa main un morceau de fcamoneé, péfant une demie once, tandis qu'on l'électrifoit, fut purgé la nuit fuivante, & reffentit beaucoup de douleurs dans le ventre.

Deuxiéme purgation.

Un Profeffeur de Philofophie de l'Univerfité fe fit électrifer tenant en fa main un petit morceau de fcamo-née, & il reffentit en peu de tems des mouvemens dans le ventre, qui furent fuivis de trois évacuations.

Preuve de la tranf-miffion des odeurs & des into-nacatures.

On électrifa trois étudians en Méde-cine, dont un tenoit en fa main une petite phiole qui contenoit deux gros de baume du Perou; l'odeur de ce baume fe communiqua bientôt à ces trois perfonnes, de maniere qu'on la fentoit à leurs mains, à leurs vifa-ges, & à leurs habits, & quelques jours après un des trois ayant été électrifé tout fimplement, la même odeur fe réveilla, & fe fit fentir de nouveau tout autour de lui.

Objections & repon-fes.

Il eft vrai qu'à l'occafion de ces ex-périences, M. l'Abbé Nollet avance une chofe, qui eft que ces merveilles font renfermées dans le fein du Piéd-mond & de l'Italie, qu'en Angleterre on a inutilement cherché à les voir, de même qu'en Allemagne; & qu'il a eu pareil fort en France. Mais fans

s'écarter du respect dû à cet Académicien, ne pourroit-on pas lui répondre
que pour détruire la foi, que l'on est
volontiers tenté d'ajouter à ces faits qui
n'annoncent certainement rien d'impossible; il eut été à propos d'abord
d'établir le contraire par des expériences bien constatées, ou tout au moins
par des raisonnemens qui ayent quelque vraisemblance ou quelque appa-
rence de solidité; ensuite de faire voir
que les opérations se sont exécutées de
part & d'autre avec les mêmes préparatifs, dans les mêmes circonstances,
en un mot dans le même dégré de prudence, d'habileté & de circonspec-
tion; enfin opposer autorité à autorité, & détruire les unes par les autres.
Or c'est ce qu'on n'apperçoit aucunement ici. M. l'Abbé Nollet dit bien en
général que ces guérisons n'ont point
passé les monts, qu'on les a entrepris
inutilement ailleurs, mais il ne cite
aucun fait particulier, dans lequel
on pût connoitre si en effet on a pris
les précautions nécessaires & convenables. En second lieu il ne démontre,
je ne dis point géometriquement,
mais pas même d'une maniere tant
soit peu Philosophique, l'impossibilité

ou la répugnance qui peut se trouver dans ces sortes de cures. Il ne fait aucun détail des évenemens qui peuvent en affoiblir la créance, finalement il n'allegue aucun témoignage de poids, & semble oublier que c'est M. Bianchi, c'est-à-dire un homme qui par son état, son rang & sa capacité, ne mérite pas qu'on décide à la légere contre ce qu'il atteste très sincérement avoir éprouvé lui-même, d'après un personnage également distingué & connu, qui est M. Pivati. A la vérité cet Académicien s'est cité lui-même & son travail infructueux ; lorsque voulant répéter les expériences susdites tant sur des tubes enduits de baume du Perou, de camphre pulvérisé, de térébentine, que sur des globes, il n'a pû à ce qu'il dit, reconnoitre la moindre odeur des matieres qui y étoient enfermées. Il y a tout lieu de croire que ce moment lui étoit peu favorable pour opérer, car il n'est pas possible d'imaginer un tube électrique ouvert comme l'on sçait à ses deux extrêmités, & rempli de baume du Perou, qui étant échauffé par le frottement, ne donne aucune odeur, puisqu'il est constant que la plus petite phiole

phiole qui contient de ce baume bien
loin d'être électrisée, si elle n'est exactement bouchée, en repand une odeur
qui se fait sentir non-seulement dans
la garde-robe où elle est renfermée,
mais dans tout l'appartement, & que
ce baume s'exhâle si bien de lui-même
que souvent avec toutes les précautions
que l'on peut prendre pour empêcher
l'évaporation, on apperçoit une diminution considérable au bout de quelques années, tant dans la quantité
que dans la qualité.

Disons donc que M. l'Abbé Nollet a
voulu outrer un peu les choses pour ôter
toute foi aux expériences de M. Bianchi, d'où l'on doit conclure que son
autorité est ici tout au moins douteuse,
& que quand même il eût parlé très
sincérement, c'eût été une nouvelle
preuve qu'il n'est pas toujours heureux
dans ses entreprises, & que si M.
Jallabert l'a convaincu qu'on peut guérir du premier coup de la paralysie à
Genêve, quoiqu'il ait échoué sur trois
sujets à l'Hôtel Royal des Invalides,
M. Bianchi pourra se glorifier d'avoir
rendu Turin entier témoin de la vertu
salutaire de ses tubes & de ses cylindres enduits de baume, tandis que

Part. III.   K

l'Académicien de Paris n'aura pas eu le bonheur de l'exciter jamais une seule fois dans les siens, aux yeux de cette grande Ville (Paris) qui sembloit devoir attendre avec justice cette nouvelle marque de sa science & de sa dexterité.

GUERISONS.
qui se sont opérées en Italie.

Quoiqu'il en soit, sortons du Piédmond, pénétrons dans l'Italie, & voyons ce qui s'y est passé de curieux à ce sujet. Rien ne nous en instruira mieux que la lettre sur l'électricité Médicale dont nous avons parlé dans la premiere partie de cette histoire. L'Auteur, M. Pivati, Membre de l'Académie de Bologne, écrivant à M. Zanotti, Sécrétaire de la même Académie, lui fait part naturellement des merveilles que le hazard pour ainsi dire lui a fourni. Ce n'est point un homme qui cherche à s'en faire accroire, c'est un sçavant qui après avoir fait un grand nombre d'expériences aussi amusantes qu'instructives sur les differentes propriétés de la vertu électrique, veut enfin tenter, s'il ne seroit pas possible d'en tirer aussi quelque utilité pour le corps humain.

L'extrême activité de la matiere électrique & les effets qui s'ensuivent, firent croire à ce Phisicien que si l'on enduisoit intérieurement un cylindre avec des substances spiritueuses, les écoulemens de la matiere électrique pourroient entraîner aussi avec eux des écoulemens de la substance contenue dans le vaisseau ; & il étoit naturel d'esperer en vertu de ce raisonnement, que la matiere électrique pourroit s'insinuer avec ces écoulemens de substance étrangere, jusques dans les parties les plus internes du corps humain, & y opérer de très bons effets. Les idées de M. Pivati qui n'étoient que des conjectures se sont trouvées d'accord avec l'expérience, en voici des preuves.

Une personne étoit incommodée d'une douleur à la hanche, & par l'avis du Médecin elle y avoit appliquée du surpoin, qui n'est autre chose que la graisse qu'on tire de la laine nouvellement tondue avant de la laver. Il l'électrisa avec un cylindre enduit de baume du Perou, le vaisseau étoit bouché comme hermetiquement avec de la poix & d'autres ingrediens, en forte que l'odeur du baume ne transf-

Premiere guerison faite à Venise, qui prouve encore la transmission des odeurs.

piroit aucunement, ce qui prouve que l'odeur du baume qui se fit sentir après, n'avoit pu s'insinuer dans la personne qu'à travers les pores du verre par le moyen de l'électricité. La personne électrisée dormit tranquillement, & eut pendant la nuit une sueur abondante, & ce qu'il y a de remarquable, c'est que malgré la mauvaise odeur du surpoin, sa sueur, sa chemise, toute sa chambre exhaloit une odeur très forte & très agréable de baume du Perou. Ses cheveux communiquoient la même odeur aux doigts & même au peigne dont elle se servoit ; ses chemises trempées de sueur, & sechées devant le feu, continuoient d'exhaler la même odeur.

Il répéta le lendemain la même expérience sur une personne saine, sans lui dire de quoi il étoit question, & une demie heure après elle sentit une douce chaleur qui se repandit dans tout son corps ; & ce qui est de plus surprenant, elle se sentit une pointe de gayeté qui ne lui étoit pas naturelle, son temperament étant au contraire tourné à la mélancholie. Les personnes qui étoient près d'elle & qui ignoroient le fait, lui demandoient d'où venoit

Troisiéme preuve de la transmission des odeurs.

cette bonne odeur, elle la fentoit auffi
elle-même, mais non pas tant que la
premiere perfonne qu'il avoit électrifé.
M. Pivati s'eft apperçu de la difference
en ce que le cylindre avoit befoin d'ê-
tre renouvellé de baume, car ayant
fait depuis plufieurs fois la même expérience avec le même cylindre, il ne
rendoit que très peu d'odeur balfami-
que; d'où il conclut que pour avoir
un grand effet, il eft à propos que le
cylindre foit nouvellement enduit de
baume, ou du moins n'ait pas éprouvé beaucoup de rotations, parce que
le baume du Perou qui eft extrêmement fpiritueux s'exhale d'une maniere prodigieufe, lorfqu'on prête entrée
à l'air extérieur, & qu'on favorife la
fortie à celui qui eft au-dedans par le
moyen du frottement.

Comme ces expériences confirment
parfaitement celles de M. Bianchi que
nous venons de rapporter, on ne peut
douter que le baume n'ait déja la propriété de s'unir avec la vertu électrique, de fortir avec elle du cylindre,
& de l'accompagner dans tous les tra-
jets qu'elle fait d'une maniere intime
comme l'on fait, dans tous les corps
qu'on lui préfente, les pénétrant juf-

ques dans l'intérieur, jusques dans les plis & replis les plus cachés. Or ce principe une fois posé, & cette découverte faite, que les baumes s'insinuent partout avec la vertu électrique, cela nous suffit pour en tirer des avantages sans nombre pour l'usage de la Médecine, & pour la cure de quantité de maladies, souvent inaccessibles à tous les remédes ordinaires. Cela étant, il est essentiel d'examiner avant d'aller plus avant, ce que c'est que le baume, combien il y en a d'espéces, & à quelles maladies chacune de ces espéces peut être appliquée, il est constant que ceci une fois bien détaillé ne peut manquer d'inspirer beaucoup de confiance aux malades pour l'electricité médicale, & de fournir aux Phisiciens électrisans beaucoup de connoissances utiles qui les enhardiront à se servir de cette nouvelle pharmacopée.

DU BAUME.

Le régne végétal nous fournit un grand nombre de remédes de cette espéce, dont le plus ancien & qui a le premier porté le nom de baume, est *l'opobalsamum* d'Egypte & de Judée.

On le tire d'un petit arbre qui croit dans la Judée, l'Egypte & l'Arabie, dont l'odeur est extrêmement pénétrante, & qui donne par les incisions qu'on fait à son écorce un suc résineux d'une odeur fort agréable, & doué de plusieurs vertus extraordinaires. Les anciens appelloient le bois de cet arbre *xylobalfamum*, son fruit *carpobalfamum*, mais ils ne donnoient le nom *d'opobalfamum* qu'à son suc ou à ses larmes. Voici la description que Strabon en donne dans le 16°. Livre de sa Géographie. »On trouve, dit-il, dans un »champ qui est auprès de Jéricho dans »la Palestine, une pépiniere d'arbres »d'où on tire le baume. Cet arbre est »petit, odorant, aromatique, & por- »te du fruit; il ressemble au cytise »ou terebinthe; lorsqu'on fait une »incision dans son écorce il en découle »un suc laiteux, visqueux & tenace, »qui se fige dans les coquilles où on »l'a reçu. Il est efficace pour guérir »les maux de tête, les inflammations »des yeux qui sont récentes & les pe- »santeurs; ce qui rend encore ce re- »méde plus précieux, c'est qu'on ne le »trouve point ailleurs.

Profper Alpin qui est celui de tous

les Auteurs qui décrit les plantes d'E-
gypte avec plus d'exactitude, est d'accord là-dessus avec Strabon, comme
il paroit par le Traité qu'il a fait des
plantes qui croissoient en Egypte.

Plusieurs autres assurent que ce tar-
bre ne croît point naturellement en Judée, qu'il y fut transporté avec un
grand nombre d'autres de la Mecque,
& qu'on le transplanta ensuite en Egypte du tems de Marc-Antoine & de
Cleopatre. Quoiqu'il en soit, il est
constant que l'on a encore aujourd'hui
de ce vrai baume, car celui qu'on
nous apporte de la Mecque sous le nom
de baume de la Mecque, a la même
efficacité que *l'opobalsamum.*

On distingue ce précieux baume de
la maniere suivante. C'est une résine
Beaume de la Mecque. liquide qui découle d'un arbrisseau qui
croît aux environs de la Mecque dans
l'Arabie, & dont les feuilles qui sont
toujours vertes ressemblent à celles du
lentisque. Elles sont attachées à la
même queuë au nombre de trois, de
cinq ou de sept, & il y en a toujours
une impaire qui la termine ; les extrêmités des tiges sont chargées de petites
fleurs blanchâtres à six petales, ausquelles succéde un petit fruit arrondi,
raboteux,

raboteux, & terminé en pointe. Ce fruit qui eſt le *carpobalſamum* & le bois appellé *xilobalſamum*, entrent dans pluſieurs compoſitions anciennes, mais on ſubſtitue aujourd'hui dans les boutiques d'autres drogues en leur place.

Ainſi ce baume eſt une liqueur ré-ſineuſe qui étant récent a la conſiſtan-ce d'huile d'amandes douces ; mais il s'épaiſſit en vieilliſſant comme la té-rébentine, il perd beaucoup de ſon cœur, & acquiert une couleur noi-râtre, lorſqu'il eſt nouveau il a une odeur aromatique très agréable, & le goût de l'écorce de citron. La plante qui le fournit s'appelle *balſamum ſyria-cum folio rutæ*. Auguſtin Lippi ayant été envoyé en Ambaſſade par Louis XIV. auprès de l'Empereur des Abiſ-ſins, ſe rendit au Caire en 1704, où il eut beaucoup de peine à découvrir cette plante, & la maniere dont on en tire le baume. Tout ce qu'il put ap-prendre, c'eſt qu'on le recueilloit de trois manieres, & qu'il y avoit quel-que difference dans la liqueur qu'on tiroit de la plante par chacune d'elle. La premiere découle naturellement de l'arbre, la ſeconde en ſort par les inci-

Part. III. L

fions qu'on y fait, & la troifiéme n'eft
qu'une préparation qui confifte à faire
bouillir dans une chaudiere des feuilles & des rameaux de baumier. Le
baume qui s'éleve le premier après
une longue ébullition eft très bon &
fort eftimé, celui qui vient enfuite eft
beaucoup inférieur par fa qualité &
par fon prix, au précédent. Le premier
eft entierement deftiné pour le Serrail
du Grand Seigneur, qui permet que
l'on tranfporte les autres hors du Pays.

On ne trouve plus aujourd'hui de ce
baume en Judée, où il étoit autrefois très commun avant la deftruction
de Jérufalem; mais après cette expé-
dition les Juifs détruifirent entierement tous les arbres qui étoient dans
le pays, de peur que les Romains n'en
profitaffent; on le trouve à prefent aux
environs de la Mecque & du Grand
Caire en Egypte, d'où on le porte à
Conftantinople. On s'en fert en Afie
en qualité de diaphorétique dans les
fievres malignes, & en effet il eft un
excellent reméde pour déterger les
ulcéres des poumons, des reins & de
la veffie, & pour diffoudre les concre-
tions qui fe forment dans les poumons.
On l'employe avec fuccès dans la Go-

norrhée, & les fleurs blanches & extérieurement dans les playes avec
contuſion en qualité de détergent.

Les femmes d'Aſie, ſurtout celles qui
habitent dans le Serrail, en uſent pour ſe
rendre le viſage poli & uni ; & *Pomet*,
parlant du baume de Judée, dit que les
Turcs ont fait tranſplanter les arbriſſeaux dans les Jardins du Grand Caire,
où ils ſont gardés par pluſieurs Janiſſaires pendant que le baume en coule.

Suivant le rapport de pluſieurs voyageurs on ne peut voir ces arbriſſeaux
que par-deſſus les murs d'un clos où
ils ſont, & dont l'entrée eſt deffendue
aux Chrétiens. A l'égard du baume, il
eſt très difficile d'en avoir du véritable,
ſi ce n'eſt par le moyen des Janiſſaires
qui le gardent ; ce qui fait connoitre
que celui que pluſieurs charlatans ven-
dent n'eſt que du baume blanc du
Pérou, qu'ils ont préparé avec de l'eſprit de vin rectifié, ou avec quelque
huile diſtillée.

Le bois appellé *xylobalſamum* paſſe
pour bon lorſqu'il eſt nouveau, en petit rameaux, rouge & odorant, & qu'il
a à peu près l'odeur du baume *opobal-*
ſamum ; le ſuc de cet arbriſſeau poſ-
ſédé des vertus extraordinaires, il

échauffe beaucoup, ce qui le rend
propre à déterger, ce qui eſt capable
d'obſcurcir la vûe, & il déterge les
ulcéres, il aide la digeſtion & provo-
que l'urine; il eſt bon pour ceux qui
reſpirent à peine, on prétend même
qu'il guérit ceux qui ont avalé de l'a-
conit, ou qui ont été mordus d'une
vipere.

Ce baume ouvre donc déja un
grand champ à ceux qui pourront
s'en procurer, & qui s'en feront électriſer dans les ſuſdites maladies, car
il eſt conſtant que ſa vertu ſe tranſ-
mettant & pénétrant les parties les
plus ſecrettes du corps avec l'électricité, elle ne peut qu'apporter beaucoup de ſoulagement, ſans que le malade coure aucun riſque, ſans qu'il
ſoit travaillé d'aucun dégoût, & ſans
que le reméde lui coûte la moindre
peine pour s'en ſervir. On peut en dire
de même des ſuivans comme des baumes de Tolu, de Perou, de Copahu,
& pluſieurs autres dont il ne ſera pas
indifferent de faire connoître les qualités.

Baume de
Tolu.

Le baume de Tolu nous vient de la
Ville d'Hiobi ou Tolu, ſituée dans
une Province de la nouvelle Eſpagne,

laquelle eſt entre Cartagene, & nombre *de dios* dans les Indes occidentales ; l'arbre qui le donne reſſemble au pin, au rapport de Ray *dans ſon hiſtoire des plantes.* Il eſt extrêmement pectoral & d'une utilité admirable dans les maladies du poûmon, comme la toux, l'aſthme, la conſomption ; & ce qui le rend encore plus eſtimable, il n'a point le goût huileux & déſagréable des autres baumes ; il eſt reſtaurant, propre pour fortifier les veſicules ſeminales, & pour en guérir les ulcéres inveterées. On trouve dans les boutiques une préparation de ce baume qu'on appelle ſirop balſamique, il eſt bon pour déterger & conſolider les playes, il réſiſte à la gangrêne, fortifie les nerfs, & guérit le rhumatiſme & la ſciatique.

Pour le baume du Perou on nous l'apporte de l'Amerique & du Mexique, dans la nouvelle Eſpagne, ſous le nom de baume du Perou, & de baume des Indes. On en diſtingue communément de deux ſortes, le blanc & le noir. Le baume noir eſt d'une nature chaude & fortifiante, il conforte le cerveau & le genre nerveux, il eſt utile dans l'aſthme, la colique,

Baume du Perou.

L iij

& les douleurs de l'eſtomach & des inteſtins ; extérieurement il fortifie les nerfs , guérit la crampe & toutes ſortes de convulſions , les contractions des nerfs , & les maux de tête invetérés.

Les gouttes des Jeſuites ou le baume des Freres , eſt célébre dans les Pays étrangers où il eſt connu ſous le nom de Baume du Commandeur de Perne; il eſt admirable dans la colique , & ſouverain pour la goutte en en faiſant ſentir la vertu à la partie affligée. Il guérit toutes ſortes d'ulcéres , & même les cancers & les chancres, il eſt efficace contre les morſures des bêtes vénimeuſes , & celles des chiens enragés , il eſt excellent pour les hémoroïdes , & pour toutes ſortes de fluxions & de meurtriſſûres , pour le pourpre , pour exciter les régles aux femmes , & pour arrêter les pertes de ſang. Quand on tire de ce baume d'une phiole il faut la reboucher auſſitôt , de peur qu'il ne s'évapore , il guérit toutes fiſtules , ſi vieilles qu'elles ſoient & en quelque endroit qu'elles puiſſent être.

A l'égard du baume de Copahu il eſt univerſellement eſtimé. Il croît dans le Brefil, & nous eft apporté dans des pots de terre par la voye des Portugais, de Rio, de Janciro, de Fernanbouc, & de Saint Vincent. Il découle par incifion d'un arbre, & eft excellent pour la gonorrhée & les maladies des reins & de la veffie ; il eft un merveilleux liniment , & qui eft fort en ufage pour confolider les playes, les ulcéres , & corroborer les parties nerveufes que les maladies ont affoiblies.

¡Le liquidambar eft encore une drogue qui tient beaucoup de la nature du baume, il découle d'un arbre du Méxique , appellé *arbor ftyracifera* , par une incifion que l'on fait à fon écorce. C'eft une liqueur huileufe, réfineufe & graffe, d'une confiftance femblable à celle de la térébentine de Venife ; l'effence qu'on en tire avec la teinture du fel de tartre ou l'efprit de vin tartarifé , fortifie le cerveau & le fiftême nerveux.

On doit mettre encore au nombre des baumes les huiles qui poffedent les mêmes qualités ; & qui ont une odeur aromatique & un goût pénétrant, pouvant s'employer de même dans les cylindres de la machine électrique ;

L iiij

car les huiles subtiles étherées ne sont
autre chose que des résines ou baumes
liquides, puisque leur premier principe qui est la source de leur odeur,
de leur goût pénétrant, & de leur
qualité consolidante, au moyen du
quel tous les baumes, soit liquides ou
solides, agissent, n'est autre qu'une
huile volatile, subtile, qui étant une
fois dissipée, les substances dans lesquelles elle résidoit deviennent inu-
tiles & sans effet. Ainsi on peut assurer
que les aromates qui donnent dans la
distillation une huile aromatique & pénétrante comme la canelle, le clou de
gérofle, la noix muscade, le macis,
le cardamome, l'écorce d'orange &
de citron, sont mis à juste titre au
rang des principaux balsamiques. Les
huiles aromatiques sont donc des baumes spiritueux, d'une efficacité si extraordinaire, que les autres baumes
Orientaux ne méritent point d'être
mis en comparaison avec eux, puisqu'ils ne produisent leurs effets qu'au
moyen de cette huile subtile. Il n'est
pas non plus difficile de donner à ces
huiles pénétrantes & liquides la consistance d'un baume ou la forme de
résine, pourvû que l'on mêle avec elles

un esprit acide concentré tel que l'huile de vitriol, par ce moyen on les rendra propres à pouvoir être mises en enduit comme les autres baumes dans les cylindres électriques.

Ces pays-ci fournissent encore d'autres baumes de cette espèce dont l'odeur & la vertu sont telles, que l'on doute s'ils ne valent pas autant que ceux d'Orient & que les huiles aromatiques. Les baumes dont je parle font des huiles distillées de plantes aromatiques, d'une odeur & d'un goût extrêmement pénétrant. Les principales font le romarin, la lavande, la marjolaine, le baume commun, & celui de Turquie, le basilic, le thim, la camomille Romaine, & toutes les espèces de menthe, la menthe d'eau, le calement des champs & des montagnes, la menthe frisée, l'espèce d'origant appellée communément marjolaine sauvage, &c. Ces plantes étant distilées, comme il faut, donnent des huiles odorantes très efficaces, elles font propres à fortifier le ton des nerfs & des autres parties solides. Rien de plus aisé aussi de leur donner la consistance de baume pour servir à l'électricité, la Médecine enseigne mille moyens à cet effet.

Ce n'est pas là toutes les espéces de baumes que l'on peut mettre en usage, il en est d'autres encore que l'on trouve cachés sous terre & dans la mer, tel que l'ambre gris, le succin, &c. le premier vient dans les pays Orientaux & est extrêmement fin, l'autre naît dans les régions Septentrionales. Ces deux substances nous fournissent des remédes balsamiques, dont les effets sont aussi prompts que certains. L'ambre gris est une substance résineuse odorante, qui se dissoût dans un menstrue particulier, & se convertit en une essence; il rétablit efficacement les forces, il les ranime par ses vapeurs agréables; il appaise les douleurs & procure un sommeil tranquille & non interrompu. L'ambre jaune ou succin abonde d'une huile subtile & odorante que l'on peut tirer sans en détruire le tissu. Il ne faut que le piler avec du sel de tartre bien calciné, y ajoûter de l'esprit de vin rectifié, & soumettre ce mélange à la distillation. On a par ce moyen un esprit pénétrant qui est extrêmement utile dans la foiblesse des nerfs, en versant cet esprit sur du succin pur, mêlé avec du sel de tartre, il s'élevera

une essence encore plus abondante &
plus pénétrante que l'essence ordinaire. Rien n'empêche encore qu'on ne
donne à cette essence la consistance du
baume sans en alterer aucunement la
qualité, & qu'on en fasse usage dans la
machine électrique.

Voila donc des baumes naturels extrêmement propres, non-seulement
pour conserver la santé, mais pour la
rétablir dans bien des cas au moyen
des électrisations qu'on en peut recevoir. Mais afin que l'on sente tout le
prix de la facilité & de l'efficacité de
ces remédes que chacun a pour ainsi
dire sous la main, & qu'il peut se
procurer à peu de frais; il ne sera pas
hors de propos d'exposer en détail la
vertu & les propriétés de ces baumes,
& en général de tout ce qu'on appelle
remédes balsamiques.

PROPRIETÉS DES BAUMES.

Les remédes balsamiques sont d'un
très grand usage dans la Médecine, &
ils ont cela de particulier qu'ils sont
amis du temperament, & s'allient
pour ainsi dire avec lui. On en sera
aisément convaincu si l'on fait attention à la promptitude avec laquelle ils

réparent les forces que les maladies chroniques, la vieilleſſe ou quelque accident ont détruit, lorſqu'on en uſe à propos. C'eſt ce qui fait qu'il n'y a point de remédes pareils à ceux-là, pour faire ceſſer les défaillances de quelque cauſe qu'elles viennent. Enfin ils renforcent, rétabliſſent & entretiennent ce qui eſt la ſource originelle de la vie, ils communiquent des forces & du ton au cœur, aux artéres & aux nerfs, de quelque nom que nous appellions cet effet, principe, eſprit, &c. ils paroiſſent ſe transformer & acquérir la nature & le génie de cette ſubſtance étonnante, qui eſt la directrice & la ſource du mouvement de tous nos membres. Dans la ſyncope, par exemple, ils rétabliſſent ſi promptement le mouvement du cœur par leur odeur ſeule, qu'on ne peut s'empêcher d'admirer leur efficacité; car telle eſt la nature de toutes les ſubſtances qui contiennent beaucoup d'huile odorante & pénétrante, que ſoit qu'on en uſe extérieurement ou intérieurement, elles entretiennent & augmentent puiſſamment nos forces. Au contraire tout ce qui eſt putride, fetide & puant, eſt extrêmement pré-

judiciable aux forces & aux mouvemens vitaux qu'il opprime & détruit
en très peu de tems. Tout dégré de pu-
tréfaction nuit à la vie, & lorſqu'il
commence ou qu'il augmente dans le
corps humain, ſes forces & tous ſes
mouvemens tombent à la fois, comme
cela eſt évident dans la peſte, les fiévres malignes & les mortifications des
parties internes. De là vient qu'on
donne le nom de baumes, d'eaux &
d'eſprit de vie aux remédes tirés des
balſamiques, à cauſe de l'influence
qu'ils ont ſur elle.

Puis donc que les balſamiques donnent du mouvement, de la force &
du ton à toutes les parties du corps, il
eſt aiſé de comprendre qu'ils doivent
être d'une efficacité ſinguliere dans les
maladies, & les indiſpoſitions où les
forces & les mouvemens vitaux ſont
affoiblis, les viſceres & les autres
parties du corps relâchées & privées
du ton qui leur eſt néceſſaire. De là
vient qu'ils ne fruſtrent jamais l'attente
de celui qui ſcait les employer à propos
dans les foibleſſes du cerveau & des
nerfs, l'imbecillité de la mémoire &
des ſens, la paralyſie des membres,
(comme nous en avons vû quelque

chofe dans les expériences de M. Pivati,) la privation & la voix, l'hémi-plégie, le dégoût de l'averfion pour
les alimens, le vomiffement, la diar-
rhée & les tranchées, dans les cas où
les vents deviennent incommodes,
dans l'abbattement de tout le corps,
les défaillances, les fluxions cathar-
reufes froides, les toux humides, *le
coryza*, ou rhume de cerveau, les
fleurs blanches, la gonorrhée, l'afth-
me humide, en un mot dans toutes
les occurrences où les parties ont befoin d'être fortifiées.

Comme les meilleurs bafamiques
donnent de la force & de l'énergie aux
parties folides de notre corps, furtout au cœur & aux fibres mufculeufes
qui mettent nos fluides en mouvement, il fuit de là qu'ils font les meilleurs préfervatifs que l'on puiffe employer en général contre toutes fortes
de maladies, comme on en peut juger
par les raifons fuivantes.

Tant que le fang & les humeurs circulent comme il faut dans les vaiffeaux
du corps, & que ce qu'il y a de fuperflu
& de recrementiel, eft évacué par les
couloirs & les émonctoirs convenables,
le corps & chacune de fes parties font

en bon état, & exercent les fonctions
qui leur font naturelles; mais dès
que ce mouvement eft troublé ou interrompu dans tout le corps, ou quelqu'une de fes parties, ou que les fé-
crétions naturelles ne fe font pas comme il faut, on doit s'attendre aux maladies. Or rien de plus efficace pour en-
tretenir la circulation des humeurs &
faciliter la tranfpiration, que les fubftances qui fortifient le cœur, la plus
noble partie de notre corps, par leurs
qualités balfamiques, & ceux dont
nous venons de parler, outre qu'ils ont
cet avantage, c'eft qu'ils ont encore
une utilité particuliere, en tant que
préfervatifs contre les maladies putrides, & celles qui font les plus formi-
dables à caufe de leur nature maligne
& contagieufe. De là vient qu'on les
employe avec fuccès dans le tems ou
les maladies épidemiques font le plus
de ravage, & qu'on les donne dans
celles qui font putrides & peftilentielles.

Bien plus, les balfamiques, ceux principalement qui font odorans, ont cette
propriété de modérer le mouvement
deréglé des fluides, & d'appaifer les
douleurs. De là vient qu'ils procurent

souvent un prompt soulagement dans les maux de tête, les maux de dents & les douleurs d'oreilles les plus violentes, lors même qu'on ne les employe qu'extérieurement.

Mais comme il n'y a rienqui n'ait ses défauts, & que les remédes les plus efficaces deviennent nuisibles lorsqu'on les employe mal à propos, on ne doit point douter qu'il n'en soit de même des balsamiques. Lorsqu'il y a dans le corps une trop grande abondance de sang chaud & bouillant, que son mouvement est trop accéleré & le poul trop fort & trop violent, la nature a plus besoin dans ces cas d'un frein que d'un aiguillon; c'est pourquoi on ne doit jamais travailler à les exciter, & augmenter le mouvement des fluides. D'ailleurs les substances odorantes ont cet inconvénient, qu'elles causent souvent, lorsque le sang circule dans le cerveau avec difficulté à cause de sa foiblesse, & que les vaisseaux de la tête regorgent d'humeurs, un plus grand abord de liqueurs dans l'une & l'autre de ces parties, & augmentent les douleurs, l'assoupissement, le vertige & l'oppression des sens. Mais hors ces circonstances

constances particulieres qu'on peut connoître aisément, on ne peut disconvenir que les baûmes ne soient d'un excellent usage, & ne soient capables de procurer par le moyen de l'électricité le rétablissement de la santé dans une infinité d'occasions.

Ce n'est pas là simplement où se bornent les effets de la vertu électrique, il paroît par le rapport qui se trouve entre sa façon d'agir & certaines maladies particulieres, tel que l'apoplexie, la paralysie, l'épilepsie, le rhumatisme, la goute, la sciatique, &c. qu'elle seroit peut-être un des remédes spécifiques auquel l'Auteur de la nature auroit attaché leur guérison. Ceci étant donc très interessant, il est essentiel de ne rien négliger pour nous éclaircir, soit par la théorie, soit par la pratique du fait qui consiste à sçavoir si la vertu électrique à l'aide de certains médicamens, peut être de quelque utilité pour la guérison de ces maux opiniâtres & terribles, & qui sont si fréquens parmi nous. Pour y procéder en régle, voyons d'abord quelle est la nature de ces maladies, d'où elles procédent, quelle partie du corps il s'agit de fortifier, de consolifolider ou de rétablir, enfuite les remédes dont il convient de fe fervir, & de quelle maniere on peut le faire par l'électricité.

DES MALADIES DES NERFS.

Entre les maladies qui proviennent du défaut de ton qui convient aux vifceres & aux parties folides, il n'en eft pas de plus importantes que celles qui affectent la tête & ce qu'elle contient ; & entre ces maladies les plus confidérables font fans contredit ces réfolutions de nerfs que les Médecins appellent communément apoplexies, hémi-plégies, paralyfies.

On convient généralement que toutes ces maladies affectent le mouvement & les fenfations, dont les nerfs & les parties nerveufes & membraneufes qui en font formées font les principaux organes. Or un nerf eft compofé de canaux qui portent un fluide très fubtil, & qui font couverts d'une membrane qui tire fon origine des méninges du cerveau.

Les Médecins ne font point d'accord fur la caufe en vertu de laquelle fe font la fenfation & le mouvement dans le corps par le moyen des nerfs, mais le sentiment le plus conforme à la raison & à l'expérience, est, que c'est un fluide limphatique très subtil, qui séparé dans les petits canaux du cerveau, du cervelet & de la moelle spinale, passe dans les petites cavités de leurs fibres nerveuses, & de là dans toutes les parties du corps. Ce fluide poussé en quantité & avec une impétuosité convenable dans les nerfs & dans les membranes nerveuses, y produit une certaine tension, & lorsque cette tension n'est ni trop grande ni trop petite, les sensations & le mouvement se font bien dans tout le corps, & l'on dit que les nerfs mêmes ont alors leur ton & leur élasticité naturelle. Les nerfs passent pour robustes, lorsque les particules les plus tendues dont ils sont composés, sont tellement cohérentes les unes aux autres, qu'elles peuvent surmonter l'impétuosité ou naturelle, ou un peu plus grande que dans l'état naturel des fluides ; mais si la cohésion de ces particules ne suffit pas pour contrebalancer cette force, alors on dit que le sistême nerveux est trop foible.

Un nerf dans sa tension naturelle est toujours plein d'un fluide nerveux,

aussi selon les loix de l'hidraulique, si
on le touche légérement, même à son
extrêmité la plus éloignée, le mouvement passera avec une vitesse incroya-
ble au cerveau & au *sensorium commune*, précisément comme il se fait dans
un petit tuyau plein d'eau & couvert
à ses deux extrêmités d'un morceau
de cuir. Si l'on presse le couvercle de
l'une des extrêmités, on appercevra
subitement l'impression de l'eau sur
le couvercle de l'autre extrêmité, c'est
ainsi que s'exécute promptement ce
que nous appellons *sensation*.

Les instrumens des mouvemens volontaires sont les muscles qui sont composés de fibres nerveuses, tendineuses
& charnues, parsemées partout de
petites fibres nerveuses & qui agissent
de la maniere suivante.

Les fibres nerveuses, tendineuses &
charnues, doivent être tendues & plei-
nes de limphe de maniere à retarder
le sang qui traverse un muscle. Le sang
ainsi retardé enfle nécessairement le
ventre du muscle, le gonflement du
muscle le raçourcit, alors son extrêmité & les parties mobiles qui y sont
attachées, sont tirées vers l'origine
du muscle. Aussi le muscle est-il plus

dur, & résiste-t'il pour ainsi dire au toucher, lorsqu'il est en action, d'où nous devons conclure par rapport au mouvement & à la sensation, qu'il faut plus de force & une plus grande abondance de fluide nerveux pour l'un que pour l'autre.

Il suit évidemment de ce que nous venons de dire, que la diminution de l'influx du fluide nerveux dans les nerfs sera nécessairement suivie de l'extinction, ou tout au moins de l'affoiblissement de leurs actions tant par rapport au mouvement que par rapport à la sensation.

C'est de là que proviennent toutes les maladies comprises sous la notion commune de résolution de nerfs, par laquelle on entend une incapacité d'accomplir les mouvemens & de percevoir les sensations, qui naît de la diminution de l'influx du fluide nerveux dans les nerfs. Il y a differens dégrès de ce dérangement; entre ces dégrès nous en choisirons deux comme les plus généraux. Ou les mouvemens volontaires & les actions animales ne se font plus, & le malade tombe comme s'il avoit été frappé de la foudre; ou la raison demeurant saine, les mouvemens volontaires, *les actions animales*, ou du moins la senfation du toucher font languiffantes ou totalement détruites. Dans le premier cas le malade eft apopleĉtique, & dans le fecond il eft paralytique.

APOPLEXIE.

Tous les Médecins conviennent que les remédes, tant interieurs qu'extérieurs, capables de fortifier les parties nerveufes affoiblies, de les exciter à reprendre le mouvement & de hâter par ce moyen la réfolution des humeurs épanchées font très falutaires; par conféquent on ne peut douter que l'électricité ne doive jouer un grand rôle dans la cure de cette maladie.

En effet il y a deux indications principales à remplir dans la guérifon de l'apoplexie, la premiere eft d'extirper les caufes tant prochaines qu'éloignées, qui contribuent à l'interception de l'influx du fluide nerveux dans les nerfs; la feconde, c'eft de fortifier la partie affeĉtée & tout le fiftême nerveux à l'effet de les remettre au ton naturel où ils étoient d'abord.

Or les applications extérieures les plus efficaces que l'on peut faire péné-

trer jufques dans les plus intimes fibres des nerfs avec le fecours de la
vertu électrique, font des fubftances
volatiles, urineufes, mêlées avec les
céphaliques, dont le plus puiffant,
en forme liquide, eft l'efprit de fel
ammoniac préparé avec la chaux vive,
& impregné d'huile de rue, de marjolaine ou de lavande, & en forme
feche de fel volatil ammoniac humecté des mêmes huiles ; ces remédes agi-
ront très vivement, & feront très capables de diffiper l'affoupiffement. Les
Médecins confeillent de les approcher
fous le nez des malades pour que les
corpufcules, qui s'en élévent, puiffent
frapper les nerfs olfactifs, & de les
inférer dans les narines avec le bout
d'une plume ; c'eft dans la même vue,
& pour procurer au malade quelque
foulagement, qu'ils ont coutume
d'appofer à certaines parties du corps
où la fenfation eft plus exquife qu'ailleurs, tel que la plante des pieds, des
fubftances propres à y exciter un mouvement douloureux ; afin que ce mouvement paffe de ces parties à tout le
fiftême des parties nerveufes, y pro-
duife une contraction & les irrite. A
cet effet ils indiquent encore de fe fer-

vir d'une broſſe ou d'un linge avec lequel on frottera le corps, ou d'orties
avec leſquelles on piquera les parties;
mais combien la force de l'électricité
ne ſurpaſſe-t'elle pas ces petites inven-
tions? une ſeule étincelle que l'on
tire eſt plus pénétrante & plus capable
de mettre les nerfs en contraction, &
de réveiller le ſentiment des parties
internes, que tous les linges & les
orties. Que ſera-ce de pluſieurs tirées
coup ſur coup, ſur les endroits du
corps les plus ſenſibles? que ſera-ce
de l'expérience de Leyde ſouvent ré-
pétée? &c. Il faut abſolument que le
malade ſoit réduit en un état d'agonie,
& pour ainſi dire déja hors du nombre des vivans, pour qu'il ne ſe ré-
veille pas à de pareilles ſecouſſes ſur
le genre nerveux. Tous ceux qui ont
éprouvé cette expérience ſentent par
eux-mêmes l'impreſſion qu'elle doit
produire.

PARALYSIE.

Ce que l'on vient de dire de l'apoplexie peut également s'appliquer à
la paralyſie, & rien n'empêche que
dans l'un & dans l'autre on ne puiſſe
ſe ſervir des remédes ordinaires que

la

Médecine indique comme de prépa-
tifs, afin que l'électricité opère davantage. Les anciens, par exemple, donnoient des frictions violentes, avec
des linges ou des étoffes rudes à la
partie affectée, ou si la sensation étoit
anéantie, ils irritoient la peau avec des
orties; les modernes conseillent d'oindre les muscles paralytiques de sel
ammoniac & d'esprit de vin camphré.
Ils disent que le vin vieux du Rhin
digéré sur un feu modéré avec le romarin, les fleurs de camomille communes, le spicnard, & les cloux de
gérofle, étant appliqués avec des linges pliés en double sur l'épine du dos,
sur l'os sacrum & sur les jointures,
produisent d'excellens effets; qu'il est
à propos de faire succéder aux bains &
aux frictions, des linimens bienfai-
fans pour les nerfs, comme la graisse
humaine, le galbanum, la térébentine, le baume de Copahu, le baume du
Pérou, les huiles distillées de lavande, de geniévre, de marjolaine, de
rue, de romarin, d'ambre & de mufcade. Ils ajoutent qu'il faut s'interdire
les huiles distillées seules, parce qu'é-
tant dessicatives & resserrantes, elles
feroient plus de mal que de bien;

Part. III.   N

qu'on appliquera fur la tête des calot-
tes difcuffives & corroboratives, &
aux tempes des baumes apopleCtiques;
qu'on fera rafer la tête pour la fau-
poudrer d'ambre, qu'on fe trouvera
bien de faire laver l'occiput de liqueurs
fpiritueufes préparées, d'efprit de corne
de cerfs, d'efprit de vers, d'eau d'an-
halt, d'effence de baume du Perou,
d'effence de caftor l'huile de mufcade
& de cloux de gerofle.

On fent combien un malade ainfi
préparé feroit en état de recevoir avec
avantage les effets de l'électricité, tantôt en tirant des étincelles, tantôt en
répétant à plufieurs reprifes la commotion fur les nerfs & les mufcles obf-
trués, tantôt en les élecCtrifant avec
des cylindres remplis des effences &
des baumes les plus fpiritueux choifis
entre ceux que nous venons de citer.
Il y a tout lieu d'efpérer que l'humeur
figée dans les canaux des nerfs qui empêche l'influx du fluide nerveux, fera
determinée à reprendre fon premier
état de fluidité, à abandonner la partie
affectée & à fe diffiper.

Si l'électricité elle-feule dans le paralytique de Genêve & ceux de Montpellier, a écarté tous les obftacles &

furmonté le mal, à combien plus forte
raison l'eût-t'elle fait plus radicalement & plutôt, si elle avoit été aidée
des remédes dont nous venons de parler. Et je ne doute nullement que si
M. l'Abbé Nollet eût pris ces précautions, lorsqu'il porta ses expériences
sur les trois paralytiques de l'Hôtel
Royal des Invalides, il ne fût parvenu
à une entiere guérison, s'il lui fût
venu en pensée de préparer ainsi ses
malades. La vertu électrique faisoit
bien quelque chose, lorsqu'elle exci-
toit des frémissemens, des douleurs,
des picotemens dans les membres privés du sentiment, mais elle demandoit du secours avec lequel elle eût
infailliblement opéré; ce secours lui
a manqué, est-ce à la vertu électrique
à qui on doit imputer le défaut de guérison? non sans doute, puisque les remédes les plus spécifiques comme on
sçait, souvent échouent, lorsqu'on n'a
pas soin d'observer les antecedens &
les conséquens. C'est ce que M. Pivati
avoit bien prevû lors qu'ayant électrisé un homme qui avoit été attaqué
d'apoplexie pour la troisiéme fois depuis trois ans, à qui il étoit resté une
paralysie qui s'étoit fixée sur la langue, Lettre sur l'electrici té medica le. page 37

de façon qu'il n'étoit pas possible d'entendre ce qu'il disoit, l'ayant déja
électrisé avec le simple cylindre, tout
d'un coup il prononça deux ou trois
paroles distinctes, mais qui recommença bientôt à begayer comme auparavant; il ajoute qu'il devoit l'électriser de nouveau avec un cylindre
anti-apoplectique, de qui il attendoit
beaucoup plus d'effet; la suite de ces
expériences n'a point encore transpi-
ré dans le public.

L'EPILEPSIE.

L'épilepsie est encore une de ces
maladies rebelles qui se joue souvent
du Médecin, & presque toujours de
son art lorsqu'une fois elle est invétérée; c'est par cette qualité opiniâtre
& mutine qui la rend par tout plus
odieuse & plus terrible, qu'elle mérite
d'avoir place ici, étant destinée comme les précédentes à établir la gloire
de l'électricité, & à former même un
de ses plus beaux trophées; pour ne
rien dire de trop examinons-là de
près.

On définit l'épilepsie, une agitation
involontaire, surnaturelle, extrêmement violente & convulsive des par-

ties nerveuses, membraneuses & musculaires de tout le corps, & accompagnée de l'abolition totale des sens, laquelle tire son origine de la contraction spasmodique des membres qui envelopent le cerveau, la moële épiniere & les nerfs. D'où il arrive que le fluide nerveux est poussé en grande abondance & avec impétuosité dans les organes du mouvement, mais en moindre quantité & avec moins de violence dans ceux qui sont destinés à produire le sentiment.

Aujourd'hui les Médecins attribuent l'épilepsie au mouvement déréglé des humeurs qui circulent dans les vaisseaux du cerveau. Car comme le sang circule librement & uniformement dans ces vaisseaux, & que la sécretion & la distribution de la limphe spiritueuse se fait également dans tous les nerfs, toutes les fonctions animales sont reglées. Il faut au contraire dans toutes les maladies violentes de la tête, qui offensent considérablement les sensations & les mouvemens volontaires, comme dans l'épilepsie, il faut, dis-je, que la circulation du sang dans le cerveau ne se fasse plus d'une maniere libre, naturelle & uniforme.

Cette observation a été faite, il y a long-tems, par Hipocrate, qui dit dans les livres *des Vents* que l'épilepsie a pour cause les differentes obstructions qui se forment dans les veines, & qui interceptent tellement le mouvement du sang, qu'il s'arrête dans les unes, coule lentement dans d'autres, & va plus vîte ailleurs, d'où il arrive que son cours étant inégal dans tout le corps, il en résulte partout des inégalités infinies. Cette doctrine d'Hypocrate suffit aujourd'hui que la circulation du sang qui est la base & le fondement de la médecine, est découverte, pour expliquer la nature & l'origine du mal caduc.

La cause prochaine de l'épilepsie est la contraction de la membrane qui envelope le cerveau, la moële épiniere & les nerfs. Car la nature de cette contraction est telle, qu'elle comprime avec violence les petits vaisseaux artériels de la pie mere, aussi bien que la substance corticale du cerveau. Il arrive donc que sans que la volonté y ait part, le fluide nerveux qu'elle contient est poussé en abondance & avec impétuosité dans le cerveau & dans les cavités des nerfs; mais la

dure mere étant, fuivant l'opinion de
prefque tous les Anatomiftes, la ra-
cine & la fource de toutes les membranes, il ne peut y avoir qu'une
étroite communication entre elles, &
une communication mutuelle de mouvemens quelque irréguliers & quelque déréglés qu'ils foient. D'ailleurs
comme cette contraction fpafmodique
de la dure mere refferre les nerfs qui
fervent au fentiment au point de ne
pouvoir plus donner paffage au fluide
nerveux, il arrive que l'épilepfie parfaite caufe une ceffation de tous les
fens, tant internes qu'externes; au
contraire le cours du fluide nerveux
augmente confidérablement dans les
parties qui font les organes du mouvement, & c'eft ce qui caufe cette
diftenfion, cette contraction, cette
fucceffion, & cette agitation terrible
des articulations & des mufcles.

Il eft encore certain que la huitiéme
paire des nerfs appellée vague, diftri-
bue des rameaux aux principaux vif-
céres & aux parties nerveufes qui fervent au fentiment & au mouvement;
lors donc que le fluide nerveux circule
avec plus d'impétuofité qu'à l'ordinaire dans fes branches, les parties fe

reſſentent durant le paroxiſme de cette
agitation violente & extraordinaire.
Ainſi le cœur eſt ſaiſi d'une palpita-
tion , le pouls devient fréquent & inégal , la reſpiration eſt embarraſſée &
accompagnée d'un ronflement , le malade écume de la bouche , perd la parole , & l'on entend un mouvement
dans ſes inteſtins.

CURE.

La premiere choſe qu'e on doit ſe
propoſer dans la cure de l'épilepſie , eſt
de corriger & de chaſſer du corps les
cauſes matérielles & éloignées de cette
maladie , en ſecond lieu , d'appaiſer
les ſpaſmes de la dure mere & des
parties nerveuſes , à quoi l'on ſatisfait
principalement par deux ſortes de remèdes , ſçavoir : par les ſédatifs & les
corroborans. Les premiers moderent
& répriment le mouvement impétueux
des fluides , & les ſeconds contribuent
non-ſeulement à faire ceſſer la foibleſſe & l'atonie que les ſpaſmes ont
occaſionnées & qui renouvellent les
paroxiſmes , mais encore à rétablir le
ton , & l'élaſticité naturelle des parties.

Les remèdes ſédatifs ſont ceux qui

par leurs vapeurs & leurs exhalaisons douces & sulphureuses répriment les mouvemens déréglés du fluide nerveux. De ce nombre sont les herbes & les fleurs modérement odoriférantes & les eaux distilées qu'on en tire, comme les eaux de la reine des prés, de melisse, de sauge, de basilic, de primevere, de muguet, de roses, de fleur d'orange, de citron.

Les corroborans anti - épileptiques les plus efficaces du régne végétal, sont les fleurs de lavande & d'aspic, le romarin, la rue, la marjolaine, l'ambre, le bois d'aloës, le santal citrin, le cardamome, le gerofle, & les huiles, les essences, les baumes qu'on en tire.

Entre les remédes composés ce sont l'eau épileptique de Langius, l'eau d'hirondelle, le baume de vie, & quelques autres de même nature. L'ambre gris est préférable à tous les autres anti-épileptiques à cause de ses qualités sédatives & corroborantes. L'esprit de corne de cerf, ou d'ivoire, soit simple ou succiné, l'esprit de bussius sont aussi très bons.

Tous les remédes dont nous venons de parler produisent des effets admi-

rables dans l'épilepfie chronique, tant
en qualité de curatifs que de prophy-
lactiques, furtout dans ceux qui abondent en ferofités, ou qui ont de la dif-
pofition à la cachexie, lorfqu'on les
employe à propos & d'une maniere
convenable ; mais il faut avant de
les mettre en ufage diffiper autant qu'il
eft poffible les caufes matérielles qui
entretiennent cette maladie. Si elle
provient d'une collection de fang dans
les vaiffeaux, & dans les membranes
du cerveau, fi les vaiffeaux s'en trouvent trop gonflés, ou fi ce fluide fe
porte avec trop d'impétuofité à la tête,
il faut néceffairement en détourner le
fang par la faignée du pied ou par
l'application des fang-fues ; fi elle
provient d'une ferofité impure qui
féjourne dans les vaiffeaux & dans les
membranes de la tête, dans ce cas le
point le plus important de la cure, &
d'où il faut partir, confifte dans la dif-
cuffion, l'évacuation, & la dériva-
tion de la ferofité impure vers les autres parties. Si l'épilepfie eft caufée par
une paffion violente comme de la co-
lére, fi d'un excès de douleur, par
exemple, d'un calcul logé dans les
ureteres, fi des tranchées, comme il

arrive dans les enfans par la corruption du lait, il faut commencer par écarter toutes ces caufes, & en faire difparoître les effets avec les remédes convenables, enfuite procéder à la cure de la maladie par les autres que nous avons cité.

Et c'eft en quoi l'électricité fervira merveilleufement bien, car dans les paroxifmes où le malade eft hors d'état d'entendre a aucun reméde ; par le moyen des cylindres enduits de ces effences, de ces efprits, de ces baumes & de ces huiles odorantes dont nous avons parlé, on retablira fans le fatiguer aucunement & même fans qu'il s'en apperçoive le ton & l'élafticité des nerfs. Les faifant entrer principalement dans la tête, on remédiera à la dure mere dont on diffipera la contraction, on la fera revenir petit à petit par les remédes fédatifs dans fa fituation naturelle, on rétablira le cours du fluide nerveux en faifant difparoître ce qui s'oppofoit à fon paffage, & infenfiblement tout le fiftême nerveux reprendra fa premiere vigueur & fes premieres fonctions.

Il n'eft guere que ce moyen pour pouvoir faire pénétrer les médicamens

dans des parties auſſi délicates, &
auſſi internes que le font les nerfs &
la dure mere, car l'odorat feroit ici
d'un bien petit fecours. Le malade ferre
ordinairement les dents, & fe tour-
mente de façon qu'il n'eſt pas poſſible
de lui faire rien avaler ; d'ailleurs quel
tems ne faudroit-il pas avant que les
remédes ayent fait dans le corps tout
le trajet néceſſaire pour parvenir au
genre nerveux & au cerveau. Auſſi
communément il ne paroît pas qu'ils
procurent aucun ſoulagement au malade pendant tout le tems qu'il eſt dans
le paroxiſme, & l'on s'y attend ſi peu
que l'on n'en donne fouvent point, &
que l'on abandonne la nature à elle-
même. Il n'y auroit donc que par le
moyen de l'électricité que l'on pourroit les faire parvenir promptement &
immédiatement fur les parties lezées,
ce qui opéreroit infailliblement un
très bon effet dans ces momens critiques, & commenceroit même la
guériſon de la maladie qui s'acheveroit
enfuite en écartant les cauſes matérielles & éloignées comme nous l'avons
dit plus haut.

LA SYNCOPE.

Les deux caufes prochaines & principales de la fyncope en général, font
la fermentation du fang, ou les efprits
animaux qui ceffent tout à coup, ou
la conftriction du cœur. Comme la
fyncope eft une maladie fubite, elle
demande des remédes volatils & fpiritueux ; plus ils le font, mieux ils valent pour attenuer la vifcofité du fang,
rétablir la fermentation, & lui redonner des efprits plus volatils & plus
actifs. L'efprit thériacal, l'efprit camphré, l'efprit de corne de cerf & tous
les fels volatils font très puiffans dans
la fyncope. Il ne feroit pas bien difficile de faire pénétrer ces remédes
par le moyen de la vertu électrique,
jufques dans les parties les plus internes du fang.

LA LÉTARGIE.

La caufe de la létargie & de toutes
les affections foporeufes eft le trop
grand engourdiffement des efprits animaux qui les rend incapables des mouvemens & des expanfions requifes
pour exercer les fonctions du fentiment & du mouvement.

La caufe éloignée de cet engourdiſ-
ſement eſt la trop grande aquoſité des
eſprits, ſçavoir : lorſqu'ils ſont mêlés de trop de phlegme, lorſqu'ils ſont
trop peu ſubtils & trop peu volatils.

Afin que les eſprits animaux ſe ſépa-
rent dans le cerveau, & ſe dépurent
de tout leur phlegme, la ſubſtance du
cerveau eſt graſſe & comme huileuſe,
ne recevant point ou très peu d'eau,
laquelle ſe décharge dans des cavités
faites exprès pour la recevoir, qu'on
appelle *ventricules*, & outre cela il y
a une infinité de glandes diſperſées çà
& là, pour abſorber le *ſerum* ſuperflu
& le décharger ailleurs. Toute la ſubſtance corticale même par où ſe fait la
philtration ou la diſtillation de l'eſprit
animal, eſt compoſée de petites glandes qui abſorbent encore la lymphe &
rendent l'eſprit animal plus volatil. Que
s'il arrive que le cerveau ſoit trop humecté ou arroſé contre nature par la
lymphe qui y eſt apportée trop abondamment, ou qui eſt arrêtée dans les
ventricules, & par conſéquent dans
la ſubſtance corticale, les eſprits animaux volatils ſont rendus impurs engourdis & pareſſeux par le mélange
du phlegme, & comme ils en ſont

moins mobiles, ils produisent nécessairement le sommeil. D'un autre côté le cerveau trop humecté & ses pores remplis de trop de lymphe, empêchent l'expansion des esprits, leur influence & leur distribution dans les organes par les nerfs, d'où s'ensuivent les simptomes létargiques.

Ceci est confirmé par Willis, qui assure *dans son anatomie du cerveau*, qu'il a toujours trouvé les ventricules du cerveau remplis de beaucoup de *serum* à ceux qui étoient morts de quelque affection soporeuse. Les enfans même sont naturellement enclins à dormir, à cause qu'ils ont le cerveau trop mol & trop humide, & les esprits animaux trop engourdis & peu subtils. Dans les catharres & les maux de tête où la limphe abonde, parce que les glandes ne la philtrent point, le cerveau est ordinairement humecté, & l'on a pour lors beaucoup d'envie de dormir, c'est encore pour cette raison que les létargiques ont le visage pâle & bouffi, & les yeux gonflés.

Pour la cure de cette maladie, les plus habiles Médecins conviennent qu'il faut vuider le trop de phlegme qui inonde le cerveau, par les sueurs

ou par l'éternuement, en second lieu
exciter par des acides les esprits engourdis, & les refaire par des volatils
spiritueux pendant qu'on empêchera le
sommeil par des remédes âcres, & en
picotant les organes des sens. Or quoi
de plus propre que la vertu électrique
pour opérer tous ces differens effets.

Les spécifiques pour exciter ou rétablir les esprits, sont le *castoreum* qui
est le meilleur de tous, soit en substance, soit en essence, soit en extrait;
en général tous les acides sont efficaces
pour éveiller & guérir les létargiques;
les topiques conviennent aussi à la létargie, comme l'esprit de sel ammoniac, lequel fait revenir les létargiques, les apoplectiques & les femmes
histeriques.

LA PLEUROPNEUMONIE.

La cause prochaine de la pleuro-
pneumonie est un acide qui péche dans
le sang, & qui le dispose à se coaguler
& à se grumeler, & qui produit ces
affections, en s'arrêtant dans le pou-
mon ou dans les parties voisines, en
picotant en même tems les membranes, & en leur faisant faire plusieurs
contractions. *Voyez Vanhelmont au*
Traité

Traité *plura furens*. Le fang qu'on tire par la faignée eft tantôt à demi gru-mêlé, témoin Gabelchoverus cent. 4. art. 74. tantôt il fe prend d'abord & fe grumêle prefque en fortant, fuivant Vanhelmont, (*loco citato* ;) enfin le fang tiré fe couvre d'une pellicule vif-queufe & adhérente, voyez Willis pharmacopée. part. 2. page 178.

Les caufes éloignées de la pleuro-pneumonie, fous laquelle toutes les autres efpéces font comprifes, font pour l'ordinaire le froid externe inf-piré après une grande chaleur du corps, foit l'air, foit une boiffon froide, ou quelque autre caufe recue, quand le corps a été beaucoup échauffé. Ces caufes coagulent le fang & lui don-nent lieu par conféquent de s'arrêter, & de s'enflammer dans les poumons ; ne fe pourroit-il pas faire par le moyen de l'électricité qu'on parvînt à revivi-fier la maffe du fang ? car on fçait que la cure de la pleuropneumonie, ou des maladies de la poitrine, confifte à réfoudre le fang arrêté, & à lui re-donner fa circulation naturelle par une fueur douce, à procurer le cra-chement, ou attendre & faciliter la fuppuration.

Part. III,   O

La Goute.

La goute est occasionnée pour l'ordinaire par un acide volatile spiritueux d'une saveur particuliere, marié avec l'esprit influent qui corrompt premierement la synovie, & afflige ensuite les parties membraneuses voisines. Lors donc que l'acide spiritueux de la goute est ému par quelque occasion avec les esprits, par exemple, dans les grands mouvemens de l'ame ou du corps, par l'air froid & humide qui bouche les pores, & par l'effervescence fievreuse du sang, il s'insinue premierement dans la synovie & par son moyen dans les articles; il fait même suivant les apparences quelque effervescence avec elle, jusqu'à ce que l'acide spiritueux ayant été reçu toujours avec la synovie dans les articles, l'agitation des humeurs & des esprits s'arrête, & le mal reste dans les articles, en attendant que l'esprit spiritueux soit rassasié d'alkali & changé en un sel volatil, après quoi la contraction des fibres cesse avec la douleur, & les pores étant plus ouverts laissent la transpiration plus libre; enfin tous les symptomes disparoissent.

Or pour la guérison de cette maladie si on l'entreprend par l'électricité, l'on conçoit aisément qu'il faut mettre dans la machine électrique des remédes qui temperent l'acide. Les diuretiques peuvent être à cet effet très utiles, comme l'esprit de sel ammoniac & l'esprit carminatif de tribus. On a remarqué que celui ci étoit souverain dans les excès du vin pour prévenir divers maux qu'il chasse par les urines. Les remédes nervins, les aromatiques & les volatils, en un mot tous ceux qu'on appelle communément échaufans, qui sont capables par leur sel volatil de détruire l'acide de la goute, & la chasser de hors, peuvent être bons à cet effet.

Nous n'entrerons pas davantage dans le détail phisico-médical des differentes maladies ausquelles l'électricité pourroit merveilleusement bien remédier, nous nous contenterons seulement pour enhardir ceux qui voudront faire des tentatives sur une matiére si utile, de citer quelques exemples qui indiqueront le cas où l'on a déja réussi, & quelques remédes dont on pourroit se servir dans d'autres, sur lesquels à la vérité on n'a encore rien

O ij,

de certain, parce qu'on n'en a fait aucune épreuve; mais ou il est quelque chose de plus que probable que l'on pourroit parvenir à la guérison, tant par rapport à la qualité des remédes propres à s'insinuer par le moyen de la vertu électrique, qu'eu égard aux propriétés particulieres de cette vertu, qui ajoutent encore infiniment à la force des médicamens.

TENTATIVES QUI ONT REUSSI.

Les serosités, les humeurs âcres qui se répandent entre cuir & chair, qui affectent les nerfs & les muscles, les picotent & y occasionnent des douleurs si sensibles, comme dans les rhumatismes, &c. ne demandent qu'à être détournés, dissoûs, discutés & évacués: quoi de plus propre à cet effet que les baumes spiritueux du Perou, de Tolu, de Copahu, & autres mis en forme d'enduits dans la machine électrique ? on sçait combien ils font puissans pour résoudre ces sortes d'humeurs, & les faire sortir par le secours des sueurs & de la transpiration qu'ils procurent en si grande abondance. Aussi ont-ils produits à Venise des choses admirables en ce genre. Notre célébre Phificien , M. Pivati, que l'on peut appeller à jufte titre le Prince de l'électricité médicale , nous en cite les exemples les plus convaincans dans fa lettre. page 27 & fuivantes.

Ayant fait un petit affortiment de cilindres diuretiques , antiapoplecti- ques fudorifiques , cordiaux , balfa- miques , il en eut des fuccès qui paf- ferent infiniment fon attente. Un Gentil-homme âgé d'environ 25 ans , étoit affligé d'une fluxion opiniâtre aux jambes , & principalement à la gauche, caufée furtout (à ce qu'il di- foit ,) pour avoir manqué plufieurs fois d'effuyer fes jambes après s'être baigné , & les avoir laiffé fécher d'el- les-mêmes. Il en étoit venu au point de ne pouvoir prefque plus marcher , fentant fes jambes comme perclufes. Après bien des remédes , ou lui avoit ordonné les bouillons de vipere , qui l'avoient un peu foulagé , mais fans lui redonner le libre ufage de fes jam- bes. Il eut envie d'effayer de l'électrifa- tion , & fon Médecin y confentit. M. Pivati l'électrifa donc avec un cylin- dre préparé pour fa maladie , & lui tira plufieurs fois des étincelles des jambes, furtout de la plus affligée ,

Deuxiéme guérifon ce Venife.

pendant quelques minutes. La nuit
fuivante il dormit délicieufement contre fon ordinaire, fans reffentir fes
inquiétudes & fes agitations accoutu-
tumées, & le lendemain il montra à
ce Phificien une petite enflûre de la
grandeur de quatre doigts, un peu
rougeâtre & dure proche la cheville
du pied gauche, qui lui caufoit une
legere demangeaifon fans douleur.
Cependant il fentoit une humeur chaude qui fe répandoit dans toute fa jambe, ce qui fit conjecturer à M. Pivati
qu'il avoit mis par l'électricité la fluxion en mouvement. Pendant huit
jours, après un fommeil affez tranquille, il ne ceffa de trouver tous les
matins fa jambe fi trempée de fueur,
qu'elle paroiffoit avoir été mouil-
lée. Il l'effuyoit foigneufement, & il
fe trouve depuis ce tems-là auffi fain &
auffi difpos que s'il n'avoit jamais eû
d'incommodité.

Le Jurif-Confulte de Venife ne s'en
tint pas là : il voulut fçavoir quel
effet la vertu électrique opereroit fur
la goute, & le hazard lui en fournit
bientôt l'occafion. M. l'Evêque de
Sebenico, pour lors réfident en cette
Ville, ayant appris avec admiration

Troifiéme
guérifon.

une guérifon fi extraordinaire & fi
fubite, telle qu'eft celle que nous
venons de détailler, vint trouver M.
Pivati, (accompagné d'un Gentil-
homme, de deux Prieurs conventuels,
& d'un Médécin, que la curiofité y
attiroit,) & le prier d'éprouver auffi
fur lui fa médecine électrique.

Ce Prélat âgé de 75 ans, avoit les
doigts tout à fait crochu d'une goute
invererée, en forte qu'il ne pouvoit
depuis bien des années ouvrir ni fermer abfolument la main. La goute le
tenoit aux pieds à peu près de même,
il ne pouvoit plier les genoux, ni
marcher, fans être foutenu par-def-
fous les bras; il falloit auffi le placer
bien doucement dans fon lit. M. Pivati
prépara pour cette électrifation un
cylindre garni de médicamens difcuf-
fifs & anti-apopleƈtiques. A peine eut-
il commencé à électrifer, que ce Prélat à fon grand étonnement, commença à faire quelques mouvemens de fes
doigts. Il le laiffa repofer quelque
tems, & fit obferver en attendant
quelques phénoménes de l'électricité
à ceux de fa fuite; mais ce commencement de fuccès le rendant impatient,
il voulut être électrifé de nouveau avec

le même cylindre. M. Pivati répéta
donc l'opération pendant environ deux
minutes, & voila tout à coup que le
Prélat ouvre ses deux mains, & serre
les points d'une telle force, qu'ayant
saisi le bras d'un des Religieux, celui-
ci fut obligé de lui demander quar-
tier, parce qu'il le serroit trop fort.
Il se mit à se promener tout seul, à
s'asseoir, à battre des mains ; il s'age-
nouilla sans secours sur une chaise
d'appuy, & il se releva avec vigueur
sur les deux mains, il frappoit des
pieds contre terre, il croyoit rêver,
& demandoit à tous les assistans si on
lui en avoit jamais vû faire autant. Le
Médecin qui étoit présent avoua que
la Médecine n'avoit en effet pour de
semblables maux que des remédes pal-
liatifs & généraux, qui servoient tout
au plus à rendre le mal moins insupportable, mais qu'elle n'en avoit aucun
de vrayment spécifique, encore moins
d'aussi prompt. Quand il fut question
de s'en aller, le Prélat ne voulut point
de soutien, il descendit l'escalier d'un
air déliberé & entra dans une gondole
avec presque autant de vigueur qu'un
jeune homme, ne cessant à ce qu'on a
rapporté par après, de raconter à tout
le

le monde fa guérifon, qu'il qualifioit
de prodige. Il a perfifté deux jours dans
cet état de vigueur & de fanté ; mais
le troifiéme jour ne s'étant pas ménagé
affez fcrupuleufement, il lui eft furvenu quelque léger retour d'incommodité aux deux doigts du milieu, qui
peut-être étoient les plus affligés. En
effet, M. Pivati avoue que c'étoient
ceux dont il avoit eu plus de peine de
tirer des étincelles, furtout aux articulations ; cependant il y avoit enfin
réuffi. Il eft toujours certain que fon
incommodité eft devenue infiniment
moindre, puifqu'à cela près, il a pû fe
dire guéri ; & il l'eût été infailliblement d'une maniere entiere & parfaite, fi, comme l'obferve fort bien M.
Pivati, il avoit eu foin de garder quelque régime après l'opération, furtout
de ne pas s'expofer au grand air ; car
il eft aifé d'imaginer combien fon action doit être dangéreufe fur un corps
dont les pores font fort ouverts, ou
qui eft encore affoibli d'une fi rude
épreuve. Quoiqu'il en foit, ce Phyfi-
ficien s'étoit propofé de recommencer
une feconde fois la même expérience,
pour diffiper radicalement ce petit retour d'humeur, & fe flattoit d'en venir

Part. III. P

à bout, ce qu'on ne pouvoit lui con-
tester, vû la réuſſite qu'il avoit eu de la
premiere.

La guériſon de ce Prélat fit beaucoup de bruit à Véniſe, & quantité
de perſonnes ſe préſenterent pour faire
ſur elles les mêmes épreuves. Entr'au-
Quatriéme tres, dit M. Pivati, vint une Dame
guériſon. déja ſexagénaire, pour une incommodité qui la tenoit aux mains & qui
l'empêchoit de s'en aider depuis plus
de ſix mois. Elle avoit les doigts rouges
& très-enflés, avec cette circonſtance
de plus, qu'elle ne pouvoit pas tenir
les mains fermées un ſeul moment, à
cauſe d'un tremblement conſidérable
qui ſe faiſoit ſentir dans ſes deux bras.
Il fit ſur cette Dame la même choſe
qu'il avoit faite ſur le Prélat, & en
très-peu de tems elle commença à remuer les doigts & à ſerrer la main.
Etant retournée un autre jour, elle
lui montra ſes mains dont la rougeur
& l'enflure étoient conſidérablement
diminuées; & au lieu que d'abord elle
ne pouvoit preſque pas s'en ſervir, dès
la premiere électriſation elle mit ſes
gands, elle foüilla très-librement dans
ſa poche; en un mot, elle fit tout ce
qu'auroit pû faire une perſonne ſaine.

Elle avoit pourtant encore un petit reste d'enflure, mais sans douleur, & la paralysie, goute, fluxion ou rumatisme, étoit si bien dissipé, qu'elle se proposoit d'écrire dès qu'elle seroit retournée chez elle, ce qu'elle n'avoit pû faire depuis plusieurs mois. Elle avoua qu'elle avoit été fort long-tems entre les mains des Médecins, sans en avoir reçu du soulagement. Elle fut parfaitement rétablie au moyen de l'électrisation, & elle partit tout de suite fort contente pour sa maison de campagne.

Mais, dira-t'on, ces guérisons sont trop miraculeuses pour ne pas trouver des contradicteurs, ou du moins des esprits qui les révoquent en doute, aussi ne dissimulerai-je point que certains Physiciens ont témoigné quelque chose de plus que des doutes & des incertitudes; qu'ils ont poussé même l'obstination jusqu'à vouloir faire passer tous ces faits pour fabuleux ou supposés, ou tout au moins pour erronés.

Et comment s'y prend-t'on ? rien moins que par une démonstration. On prétend démontrer au Public, comme deux & deux font quatre, que M. Pivati en a imposé à toute la Ville de

P ij

Vénife, qu'il a induit en erreur tous
fes Habitans, après s'être trompé lui-
même; non-feulement M. Pivati, mais
M. Bianchi, Profeffeur Anatomifte à
Turin, & M. Verrati, Médecin à Bologne, ont été féduits; de forte que ces
trois Phyficiens peuvent être regardés
comme trois nouveaux Héréfiarques,
qui ont femé une doctrine pleine d'erreur & de menfonge fur l'électricité
médicale, & que par leurs illufions &
leurs preftiges, ils ont fafciné les yeux
& les oreilles à un millier de fpectateurs ou témoins auriculaires, fi mieux
l'on aime regarder ces perfonnes comme des fanatiques & des vifionaires,
qui ont crû éprouver ce qu'ils ne fen-
toient pas, qui ont cru voir & entendre ce qu'ils ne voyoient ni n'enten-
doient dire; en un mot, qui fe font
imaginés être guéris des maux qu'ils
fouffroient, tandis que réellement &
en effet ils ne l'étoient pas. Tel eft en
deux mots ce qu'on a voulu prouver,
mais toutefois d'une maniere polie,
douce & infinuante, dans un *Poft-
fcriptum*, qui fe trouve à la fuite de
l'Effai fur l'électricité des corps de M.
l'Abbé Nollet. . . .

Le nom de ce Phyficien m'eft échapé,

car j'avois d'abord deſſein de tirer de
cette addition toutes les inductions
favorables & défavorables à la cauſe
que je traite ſans en citer l'Auteur,
afin que ſon nom ne prévînt pas ; mais
enfin puiſque c'eſt uniquement ſon
ouvrage, & le fruit même principal
d'un voyage aſſez long & aſſez pénible,
& que d'ailleurs il paroît écrit avec
beaucoup de ménagement & de politeſſe, nous ne craindrons pas de nommer ici cet Académicien : nous ſçavons
les égards qui lui ſont dûs, nous nous
ferons une loi de les obſerver, tant
qu'ils ne nous forceront pas à trahir les
intérêts de la vérité.

Il eſt à croire que cet habile Phyſicien avoit plus d'une raiſon pour être
piqué contre l'électricité médicale, lui
qui s'étoit donné tant de peines ſans
en tirer aucun profit. Il entendoit dire
tous les jours, tantôt qu'à Genéve on
avoit guéri un paralytique, qu'à Montpellier on en avoit fait autant, qu'à Turin on faiſoit les plus belles cures, de
même qu'à Véniſe, à Bologne, &c.
Tandis qu'il avoit le malheur en France de n'éprouver que des revers, c'eſt-
à-dire, rien qui lui réuſsît, rien enfin
dont il pût contribuer à groſſir les Mé-

moires curieux qu'on lui envoyoit de toutes parts, & qui se débitoient publiquement sous ses yeux ; il est vrai que c'étoit une terrible mortification.

Le cœur donc plein de ce ressenti-ment, il part pour voir par lui-même ce que tant de bouches lui annonçoient & en même tems (quoiqu'on ne nous ait pas spécifié ce motif) pour s'asûrer aussi de quelle maniere ils s'y pre-noient pour réussir. Etant arrivé à Turin, il va trouver M. Bianchi, & le prie de recommencer avec lui les expériences dont il lui avoit fait part dans ses Mé-moires. Mais qu'arrive-t'il ? de 30 per-sonnes ou environ, de differens sexes, de differens âges & de differens tempé-ramens, qu'il essaye de purger élec-triquement en diverses fois, sous les les yeux & la direction de M. Bianchi, personne ne le fut, si l'on en excepte un garçon de Cuisine, qui avoua qu'il avoit pris des boüillons de chicorée, pour une incommodité qu'il avoit alors, & un autre Domestique, dont le témoignage dut paroître suspect, pour les incongruités dont il l'accompagna. De-là M. l'Abbé Nollet conclut »que »les guérisons dont il lui avoit fait »part autrefois, avoient été pour le

Voyage de M l'Abbé Nollet, fatal à la vertu élec-trique.

Voyez le Post-scrip-tum.

»moins exagerées, que M. Bianchi ne
»s'eſt pas tenu aſſez en garde contre
»l'imagination échauffée de ceux qui
»s'étoient prétendus guéris ; & que
»poſſedés par une eſpéce d'enthouſiaſ-
»me, ils lui en avoient fait écrire plus
»qu'il n'y en avoit ; qu'enfin la plû-
»part des cures électriques de Turin,
»n'ont été que des ombres paſſageres,
»qu'on a priſes avec trop de précipita-
»tion ou de complaiſance, pour des
»réalités conſtantes.

Tel eſt en abregé le portrait que l'on
fait de l'exactitude & de l'habileté de
M. Bianchi, qu'on affecte cependant
d'appeller »un célébre Médecin Ana-
»tomiſte, dont on loue la candeur &
»la probité, & dont on dit avoir la
»plus haute eſtime de ſon ſçavoir &
»de ſon mérite. C'eſt ainſi que ſous des
paroles emmielées, on couvre l'aiguillon dont on le picque.

Mais continuons pour ne point inter-
rompre le voyage, enſuite nous re-
viendrons ſur nos pas, afin de faire nos
réflexions ſur le tout.

De Turin le Phyſicien de Paris,
dont l'amour-propre commençoit déja
à reſpirer un peu, paſſe à Véniſe animé du même déſir de s'inſtruire au

sujet de la transmission des odeurs, des intonacatures, & des guérisons operées par la vertu électrique. Il fut conduit chez M. Pivati, qui (à ce qu'il dit) en étoit prévenu & qui avoit convoqué une nombreuse assemblée ; en voici le résultat, écoutons cet Académicien, parce qu'il est à propos qu'il raconte lui-même.

*Post-scrip-
tum, pag.
226. & sui.*

» Après quelques expériences ordi-
» naires, dit-il, qui avoient peine à
» réussir, parce qu'il faisoit fort chaud,
» & que les instrumens n'étoient pas
» en trop bon état, occupé de mon ob-
» jet & pressé d'un défir qui alloit juf-
» qu'à l'impatience, je demandai à voir
» transmettre les odeurs ; mais quelle
» fut ma surprise & mes regrets, lorf-
» que M. Pivati me déclara nettement
» qu'il ne l'entreprendroit pas ; que
» cela ne lui avoit jamais réussi qu'une
» fois ou deux, quoiqu'il eût fait,
» ajoûta-t'il, bien des tentatives depuis
» pour revoir le même effet, que le
» cylindre de verre dont il s'étoit servi
» pour cela avoit péri, & qu'il n'en
» avoit pas même gardé les morceaux.

» Je ne fus pas plus satisfait au sujet
» de l'expérience des intonacatures,
» que je voulois vérifier, en pesant

»exactement le vaiffeau devant &
»après, pour voir fi en effet la drogue
»renfermée s'exhaloit à travers les po-
»res du vaiffeau, au point de le rendre
»plus léger & de paroître très-amin-
»cie; on s'en défendit en difant qu'il
»faifoit trop chaud, & qu'il y avoit
»trop de monde dans la chambre, que
»l'électricité feroit trop foible pour
»cela.

»Il fut queftion enfuite de guérifons
»& principalement de celle de l'Evê-
»que de Sebenico, qui m'avoit paru la
»plus éclatante & la plus finguliere.
»M. Pivati convint que le Prélat n'é-
»toit pas guéri, & que quoiqu'il eût
»paru notablement foulagé lorfqu'on
»l'électrifa, tout le monde difoit qu'il
»étoit retombé dans fon premier état.

»Je quittai M. Pivati, en lui difant
»que je ferois encore huit jours à Vé-
»nife, que je le fuppliois inftamment
»de remettre en état fes meilleurs cy-
»lindres, de faire de nouveaux effais,
»& que s'il réuffiffoit à tranfmettre les
»odeurs, ou à faire exhaler quelque
»drogue par les pores du verre électri-
»fé, il me feroit un plaifir extrême de
»m'en rendre le témoin, & que je pu-
»blierois le fait partout où je pourrois

»me faire entendre. M. Pivati ne m'a
»rien fait dire pendant le reste de mon
»séjour à Vénise, d'où j'ai compris
»qu'il n'avoit rien à me faire voir.

　　»Peu de tems après moi, M. Somis,
»Docteur en Médecine en l'Université
»de Turin, & fort instruit de tout ce
»qui concerne l'électricité, étant allé
»à Vénise à dessein de vérifier aussi ce
»que l'on avoit publié touchant les in-
»tonacatures, se fit électriser plusieurs
»fois, & en differens jours chez M.
»Pivati, premiérement avec de la sca-
»monée qu'il tenoit dans sa main, sans
»que ni lui, ni ceux de sa compagnie,
»qui se préterent à de pareilles épreu-
»ves en ressentissent le moindre effet.
»Secondement avec un cylindre garni
»d'opium, par le moyen duquel M.
»Pivati avoit dit confidemment aux
»assistans, qu'il alloit bientôt le faire
»dormir. M. Somis demeura cepen-
»dant fort éveillé, & ne s'apperçut en-
»suite d'aucune affection soporeuse
»qu'il pût attribuer à cette électrisa-
»tion.

　　»N'ayant donc rien pû voir par
»moi-même de ce qui intéressoit ma
»curiosité, je cherchai parmi les gens
»d'un certain poids, des témoins qui

»puſſent me rendre d'une maniere bien
»circonſtanciée, ce qu'ils avoient vû
»chez M. Pivati. Je puis aſſûrer (&
»je le dois ſans doute, puiſque je me
»ſuis engagé à dire exactement tout ce
»que j'ai pû tirer de mes recherches à
»ce ſujet) que de toutes les perſonnes
»du Pays qui ont été chez M. Pivati,
»pour s'inſtruire *ex viſu*, & que j'ai pû
»interroger, il ne s'en eſt trouvé qu'un
»qui m'ait certifié les faits pour les
»avoir vûs ; c'étoit un Médecin ami de
»M. Pivati, que je trouvai chez lui,
»& qui me dit l'avoir preſque toujours
»aidé dans ſes expériences.

»Lorſque je me trouvai à Bologne,
»je ne manquai pas de voir M. Ver-
»ratti, dont les expériences publiées
»dans un Ouvrage, qui a pour titre :
(*Obſervazioni Fizico-mediche in torno*
all elletrricita dedicate all illuſtriſſimo
ed excelſo ſenati di Bologna, da gio :
giuſeppe verrati publico Profeſſore nella
Univerſita è nell' Academia delle Stien-
ze dell' inſtituto Academico Benedittino,
in-8°. imprimé à Bologne en 1748.)
»n'ont pas peu contribué à accréditer
»la Médecine électrique, & véritable-
»ment elles ont dû produire cet effet,
»car M. Verratti eſt un ſçavant Méde-

»cin ; c'eſt un homme ſage, prudent
»& véridique, & reconnu pour tel.
»L'extrême politeſſe avec laquelle il
»me reçut, me donna lieu de lui ex-
»poſer avec confiance les doutes que
»j'avois ſur la tranſmiſſion des odeurs,
»ſur les effets des intonacatures, ſur
»les purgations électriques, & ſur les
»guériſons preſque ſubites.

»M. Verrati me répondit 1°. Qu'il
»avoit fait pluſieurs épreuves, par le
»réſultat deſquelles il lui ſembloit que
»l'odeur de la térebentine, celle du
»benjoin, s'étoit tranſmiſe du dedans
»au-dehors d'un vaiſſeau cylindrique
»de verre, ſemblable à celui qu'il me
»montra, & qui ce jour-là ne nous fit
»rien ſentir, quoique nous le frotaſ-
»ſions fortement avec la main.

»Sur ce que je lui repréſentai que ce
»vaiſſeau n'étoit bouché que par des
»couvercles de bois aſſez minces, &
»qu'on pouvoit ôter au beſoin pour
»faire entrer ou ſortir les matieres
»odorantes, & qu'il pourroit être ar-
»rivé que ces odeurs pouſſées par la
»chaleur, euſſent paſſé par les pores
»du bois, il me répondit que cela
»étoit poſſible ; & que quoique de
»fortes apparences l'euſſent porté à

»croire la transmission des odeurs par
»les pores du verre, il avoit cependant
»suspendu son jugement sur cet effet,
»de même que sur les intonacatures,
»jusqu'à ce que de nouvelles épreuves
»faites avec plus de précaution eussent
»dissipé tous ses doutes.

»2°. Que par rapport aux purgations
»électriques, il avoit dans sa maison
»un Valet & une Servante qui avoient
»été purgés par cette voye; que ces
»deux personnes du moins avoient
»éprouvé après l'électrisation faite à
»la maniere de M. Bianchi, ce qu'on
»éprouve quand on a pris médecine;
»que cet effet n'ayant eu nulle autre
»cause apparente, l'expérience qui avoit
»précédé le grand nombre de faits de
»cette espéce arrivés à Turin, l'avoit
»déterminé à croire que ce qui étoit
»arrivé à ses deux Domestiques, étoit
»une suite naturelle de cette électrisa-
»tion; qu'au reste, il éprouveroit cela
»de nouveau sur un nombre suffisant
»de personnes d'un autre état; & que
»si cette maniere de purger ne soute-
»noit pas l'idée qu'il avoit prise d'elle,
»il réformeroit avec franchise ce qu'il
»avoit publié dans son Ouvrage im-
»primé en 1748.

M. Verratti a fait dix guérisons à Bologne par le moyen de l'electricité.

»Enfin M. Verratti m'asûra que les »dix guérisons rapportées dans le »même Livre dont je viens de faire »mention, s'étoient faites exactement »de la même maniere qu'elles y sont »décrites, & elles le sont avec beau-»coup de sagesse, & avec cette simpli-»cité qui annonce le vrai. La cinquie-»me me fut racontée & certifiée par le »Religieux même qui en fut le sujet, »un jour que j'étois allé voir le R. P. »Trombelli, Abbé de la Maison où il »est. Ces guérisons pour la plûpart, ne »sont pas de celles qui me font tant de »peine à croire. On voit au moins »qu'elles se sont faites avec progrès; »on y voit le mal se défendre, pour »ainsi dire, contre le reméde, ne céder »que peu à peu; & la nature ne passe »pas comme subitement d'un état à »l'autre tout-à-fait different, par le »moyen d'une électricité à peine sen-»sible. Je dis que ces guérisons ne me »font pas tant de peine à croire, parce »qu'il me paroît assez naturel, & je »l'ai déja dit il y a long-tems, qu'un »fluide aussi actif que la matiere élec-»trique, & qui pénétre dans nos corps »avec tant de facilité, y produise des »changemens en bien ou en mal.

Voilà donc le réfultat de l'entrevûe & des conférences que M. l'Abbé Nollet a eues avec les Auteurs mêmes des guérifons qui ont été rendues publiques. D'où il conclut définitivement qu'ils ont tous été trompés par quelque circonftance, à laquelle ils n'ont pas affez fait d'attention. Cependant pour voir fi effectivement ces grands argumens renverfent totalement l'électricité médicale, il eft à propos de reprendre chacune des paufes de cet Académicien, tant à Turin, qu'à Vénife & à Bologne, & comparer les écrits qui nous font parvenus de ces divers endroits ; ce fera le moyen de reconnoître l'une de ces deux chofes, ou que M. l'Abbé Nollet a fait chanter pallinodie à ces trois Docteurs électrifans, & que par conféquent tout ce qu'ils ont avancé eft faux, ou que le Phyficien de Paris a tranché un peu trop vîte, & que le jugement qu'il en a porté peut fouffrir quelque correction.

Réponfe aux objections de M. l'Abbé Nollet fur fon voyage Ultramontain.

Venons-en d'abord à M. Bianchi. De trente perfonnes, dit-on, qu'on a voulu purger électriquement, deux feulement ont donné des fignes qu'ils avoient pû l'être, encore ces fignes

font-ils équivoques. Mais je ne vois
rien ici qui puiſſe ſi fort décrier M.
Bianchi, je ſuppoſe que de ces trente
perſonnes, deux ſeulement ayent reſſenti quelques légers effets de la purgation électrique, que cela en rigueur
prouveroit - il ? Peut-on inférer de-
là que la vertu électrique n'a pas le
pouvoir de tranſmettre les odeurs, de
faire pénétrer juſques dans l'intérieur
des corps les qualités de differentes
ſortes de médicamens ? Je ne vois pas
ſur quoi l'on pourroit fonder ſuffiſamment ce jugement. Car enfin quelle
raiſon y a-t'il pour imputer ce manque
de purgation à l'électricité ? ne ſe peut-
il pas également, que ce ſoit le remède
dont on s'eſt ſervi, qui ſe ſoit trouvé
trop foible pour opérer cet effet ?
Mais c'eſt de la ſcamonée dont on a
uſé, avec laquelle M. Bianchi a fait
ſes premieres purgations ; pourquoi
n'auroit-elle pas operé de même en
préſence de M. l'Abbé Nollet ? pourquoi ? cette queſtion eſt admirable ! &
pourquoi ſouvent les médecines les
mieux préparées priſes à la maniere
ordinaire, ne cauſent-elles pas la moindre évacuation dans certains ſujets,
tandis qu'elles en font beaucoup dans
d'autres ?

d'autres ? C'est une chose que l'on voit arriver tous les jours. Pourquoi à l'un ne faut-il que deux ou trois grains d'é-métique pour l'exciter au vomissement, tandis qu'à d'autres il en faut dix, douze, & que souvent ils n'ont de reste que les efforts qu'ils ont faits pour vomir, sans que quoique ce soit se détache de leur estomach ? Dira-t'on que l'émétique n'est pas propre à exci-ter le vomissement, que ce reméde est incertain, vû qu'il n'opere pas unifor-mément ? Il n'y a sans doute personne qui parle, ni qui pense ainsi. On dira que ce défaut ne procéde point du re-méde ; mais de la maniere dont il a été administré, que sa dose n'a point été suffisante eu égard au tempéra-ment & à l'état de la personne, que cette personne n'étoit pas dans les dis-positions requises. On dira qu'il y en a tel ou tel plus ou moins facile, plus ou moins difficile à émouvoir, que cela dépend de la constitution de cha-cun, & non pas toujours de la qualité & de la quantité des drogues, que l'on éprouve des variations en ce genre à l'infini, & qu'on ne sçait la plûpart du tems à quoi les attribuer.

Or je demande, si des médicamens

Part. III.　　　　　　Q

les plus connus dont on fait un ufage
journalier, dont on connoît, pour
ainſi dire, parfaitement la proprieté;
ſi, dis-je, l'on ne peut répondre à coup
ſûr de leurs effets, comment peut-on
exiger que de ceux dont on fait ufage
par le moyen de la vertu électrique,
de laquelle on ſçait encore ſi foible-
ment la maniere d'agir? On aſſûre
ſans héſiter qu'ils doivent opérer néceſſairement, s'il eſt vrai qu'ils le puiſſent, & que s'ils ne le font pas, ce ſoit
une preuve de leur incapacité.

C'eſt pourtant là ce que M. l'Abbé
Nollet inſinue bien directement, puiſque le plus grand nombre des tentatives qu'il a faites à Turin lui ayant manqué, il nie tout pouvoir à la vertu
électrique de purger; il rejette le témoignage, ſous differens prétextes, de
ces deux témoins qui viennent dépoſer
en faveur de l'électricité, & il va jufqu'à traiter de chimeres les expériences
qui avoient été faites auparavant ſur
cette matiere par M. Bianchi, parmi
leſquelles s'en trouve une atteſtée par
un Profeſſeur de l'Univerſité; ce n'eſt
pas certainement faire beaucoup d'honneur à la Logique de ce Profeſſeur,
que de dire qu'il doit la purgation qu'il

a reffentie, à fon imagination échauffée, terme dont on fe fert à la page 224. du *Poft-fcriptum*.

Encore fi ce Phyficien s'en fût tenu là ; mais point du tout, il accufe en outre d'erreurs les autres guérifons qui n'ont aucun rapport avec la purgation, & dont le Médecin de Turin a fait part au Public. De ce qu'un morceau de fcamonée que tient une perfonne qu'on électrife, ne communique pas affez puiffamment aux inteftins fa faculté purgative, il infere que d'autres remédes infiniment plus fpiritueux, tels que les baumes mis en enduit dans le cylindre électrique, lefquels par la violente friction qu'on leur fait fubir doivent être beaucoup plus agiffans; il infere néanmoins, que puifque le premier a été inefficace, le fecond doit l'être auffi, & tout de fuite raye de fon catalogue toute la befogne de M. Bianchi. Il eft afsûrement peu d'efprits défintéreffés, à qui un pareil procédé paroiffe avoir été uniquement dicté par l'équité & la juftice. Telle eft néanmoins la fentence prononcée contre Turin, examinons à préfent celle qui a été portée contre Vénife.

Ce n'étoit pas peu de la part de M.

Pivati, pour s'attirer un petit brin de jaloufie, que d'avoir été un des premiers qui ait annoncé les intonacatures, la tranfmiffion des odeurs & des guérifons, par le moyen de l'électricité médicale ; autant cet objet devenoit-il intéreffant, autant il devoit s'attendre à être contredit & contefté, par gens qui croyoient voir pour le moins auffi clair que lui, & qui ont eu néanmoins le chagrin de n'avoir rien pû voir, ni faire voir aux autres. Du moins s'il eût eu la complaifance de convaincre par leurs propres yeux ceux qui paroiffoient le défirer ; mais c'eft ce qu'il n'a pas fait, & voilà le plus grand crime qu'il ait pû commettre ; car on lui a bien promis que la réputation de fon électricité médicale payeroit bien chérement ce refus.

En effet, répondre à un curieux qui a fait plus de 200 lieues exprès, que le jour qu'il fe préfente il fait trop chaud, pour tenter les expériences en queftion, qu'il y a à craindre qu'elles ne réuffiffent pas, puifque l'on pouvoit à peine venir à bout d'exécuter les plus communes, à caufe de la trop grande affluence des fpectateurs qui fe trouvoient pour lors dans l'endroit où l'on

opéroit ; ne lui rien dire , ni faire dire
pendant huit jours qu'il reste dans la
même Ville, pas même lui rendre une
visite de bienséance ; en vérité c'est
une chose surprenante pour des Véni-
tiens , qui se piquent tant d'urbanité
& de politesse ; il étoit bien juste qu'un
pareil oubli de la part du Vénitien fût
récompensé comme il le méritoit , &
que le Physicien de Paris eût du moins
la consolation de se dédommager aux
dépens de sa prétendue électricité médicale.

Mais, dira quelqu'un , je ne vois
pas trop de quel côté se tourneront les
rieurs ; car enfin ne se peut-il pas fort
aisément que le jour que M. l'Abbé
Nollet se transporta chez M. Pivati, le
concours du monde fût si grand, la
chaleur si excessive , que l'électricité
n'en fût considérablement affoiblie ?
M. l'Abbé Nollet nous garantit lui-
même toutes ces circonstances ; il étoit
donc de la prudence de M. Pivati, de
ne point entreprendre les intonacatures & transmission des odeurs , puisqu'il est nécessaire pour réussir que l'é-
lectricité soit dans sa plus grande force.
Le Physicien de Paris prie avec beaucoup d'instance celui de Vénise , que

pendant huit jours qu'il a encore à
rester, il lui donne satisfaction sur cet
article ; mais qui peut pénétrer au juste les motifs du refus du Jurisconsulte
Vénitien ; ignore-t'on que les Italiens
sont naturellement hauts, & qu'ils ne
sont pas d'humeur à se donner un Précepteur ? Peut-être envisageoit-il M.
l'Abbé Nollet comme un espion en
fait de sciences, qui cherchoit à lui
dérober la maniere dont il se sert pour
opérer, & qu'il n'a pas jugé à propos
de lui donner ce plaisir ? Peut-être
craignoit-il qu'on ne fût bien aise de
trouver quelque chose à critiquer tant
dans ses machines que dans ses opérations, qu'il ne fait peut-être pas avec
autant de délicatesse, de propreté, de
goût & de gentillesse, qu'on les fait en
France, & qu'on n'aille publier après,
qu'il est mal assorti, comme on en a
déja insinué quelque chose à la page
226 ? Peut-être aussi que le prenant
sur le point d'honneur, il croyoit qu'on
pouvoit bien ajoûter foi à ce qu'il avoit
rendu public indépendament de l'approbation de M. l'Abbé Nollet. Car
enfin par quel droit M. l'Abbé Nollet
avoit-il entrepris de s'ériger en Examinateur, en Critique ou en Approba-

teur vis-à-vis de M. Pivati ? Le premier eſt Académicien de Paris, je le
veux, & par cet endroit il eſt très-
reſpectable ; mais M. Pivati en qualité
d'Académicien de Bologne, ne prétend
lui céder en rien. M. l'Abbé Nollet
jouït d'une grande réputation en France, ce qu'il aſſûre paſſe pour régle de
foi, ſes Ouvrages de phyſique forment
la Bible des Colléges ; mais ne ſe peut-
il pas que M. Pivati jouïſſe de la même
confiance, non-ſeulement à Véniſe,
mais dans toute l'Italie & les contrées
adjacentes ? L'Académicien de Paris
promet au Phyſicien de Véniſe, que
s'il veut le rendre témoin de ſes guériſons, il publiera le fait partout où il
pourra ſe faire entendre ; que ſçait-
on ſi ce n'eſt pas cette belle promeſſe
qui ait choqué l'Académicien de Bologne, lui dont les découvertes ſur l'é-
lectricité médicale avoient déja paſſé
dans toutes les Cours de l'Europe,
comme M. l'Abbé Nollet le dit lui-
même quelque part, & pénetré dans
tous les Pays où les arts & les ſciences
ſont cultivés ? Peut-être a-t'il penſé
qu'une pareille confirmation donne-
roit un ton de ſupériorité au Phyſicien
de Paris, dont il pourroit ſe prévaloir ?

ce qui n'étoit pas de son goût.

Qu'un certain Docteur Somis vienne au secours de M. l'Abbé Nollet, »en »alléguant que la scamonée n'a pû »ébranler ses boyaux, & qu'il n'a res- »senti aucun effet de l'opium, quoi- »que M. Pivati eût dit confidemment à »ceux de sa suite qu'il alloit bientôt le »faire dormir. Une pareille autorité n'a pas de quoi faire beaucoup d'im- pression, surtout si l'on fait attention aux doutes qui naissent naturellement d'un témoignage si équivoque ; car de deux choses l'une, ou M. Pivati étoit sûr de son reméde, ou il ne l'étoit pas; s'il en avoit été sûr, c'est qu'il eût été fondé sur d'autres épreuves précéden- tes qui lui auroient réussi ; & en ce cas, pourquoi n'eût-il pas réussi de même ? s'il n'en étoit pas sûr, & que jamais il n'eût fait pareil essai ? Qui peut s'imaginer qu'un homme de bon sens comme M. Pivati ait eu la simpli- cité d'aller avancer une chose, dont il pouvoit avoir dans le moment même le démenti par tous les Assistans ?

Cette histoire du Docteur Somis paroît donc fort apocriphe, & en con- séquence elle pourroit bien avoir été ajoûtée ici en pure perte ? Il semble
qu'on

qu'on eût dû faire beaucoup plus de fonds sur le rapport du Médecin, qui a assisté M. Pivati dans toutes ses expériences, lequel étant consulté par l'Académicien de Paris, lui certifie les faits tels qu'il les a publiés. Mais on veut le rendre suspect, en disant qu'il est le seul qui se soit énoncé ainsi, & que d'ailleurs il étoit l'ami de M. Pivati. Il est évident que quand on veut décréditer une chose, on affoiblit autant qu'il est possible ce qui pourroit en établir la réputation, & que d'autre part on se plaît à étaler avec emphase, jusqu'aux plus petites minuties que l'on présume devoir lui être défavorables : témoins ces Physiciens que l'on relate page 233. de Naples, de Florence, de Pise, de Plaisance, de Verone, qui tous ont échoué dans l'intonacature & la transmission des odeurs : témoin cet Ouvrage (p. 235.) qui paroît à Vénise depuis un an, »par »lequel il conste, dit-on, que plu- »sieurs Médecins & autres s'étant unis »pour repéter en présence de témoins »les expériences qui concernent la »médecine électrique, & spéciale- »ment celles de M. Pivati, se trouvent »néanmoins opposés à M. Pivati &

Voyez le *Post-scriptum.*

Part. III.   R

» Bianchi, comme deux propofitions
» contradictoires le font entr'elles,
» comme le oüi & le non.

Encore un coup que fignifie tout cet
amas d'acteurs qu'on fait paroître ici
fur la fcéne ? Une fimple retorfion ne
fuffit-elle pas pour leur donner la chaffe à tous ? N'eft-il pas vrai qu'à Paris
feul, fans parler des autres Villes du
Royaume, plus de cinquante Docteurs
électrifans, M. l'Abbé Nollet en tête,
ont tous afsûré qu'il n'avoient pû venir à bout de guérir des paralytiques,
& que leurs rélations étoient entiérement contradictoires à celles de M.
Jallabert & de M. de Sauvage ? Cependant en eft-il moins vrai qu'un grand
nombre de paralytiques qu'ils ont électrifés à Genéve & à Montpellier,
n'ayent été guéris ? M. l'Abbé Nollet
n'inficiera pas certainement ces faits,
puifqu'il s'en eft fervi lui-même comme de cheval de bataille, dans le tems
qu'il étoit aux mains avec le Chirurgien de la Salpêtriere, comme on peut
le voir dans la feconde partie de cette
Hiftoire.

D'ailleurs eft-ce par le nombre des
Ecrivains qu'on doit fe régler, ou par
leur poids ? Quand cinquante Auteurs

comme celui des *Obfervations* ou de la
Differtation nouvelle de Chartres, s'ef-
crimeroient à me nier une chofe que
M. l'Abbé Nollet m'affirmeroit bien
pofitivement, je n'héfiterois pas un
inftant à congédier tous ces Scribes à
la douzaine, & m'en tiendrois uniquement à la décifion de cet Académicien. Or cette juftice que je croirois
lui être dûe, pourquoi ne la feroit-il
pas lui, également à d'autres qui fe
trouvent précifément dans le même
cas? On le rend ici fon propre juge :
enfin le plus fort trait que l'on a paru
lancer contre M. Pivati, c'eft d'avoir
tenté d'anéantir la guérifon de l'Evêque de Sebenico : » Ce Phyficien de
» Vénife, dit M. l'Abbé Nollet, con-
» vient que le Prélat n'étoit pas guéri,
» & que quoiqu'il eût paru notable-
» ment foulagé lorfqu'on l'électrifa,
» tout le monde difoit qu'il étoit re-
» tombé dans fon premier état.

Il n'y a rien ici de bien extraordinaire, puifque M. Pivati avoit femblé
prévoir la rechûte, & même l'annoncer (comme on le peut voir dans la Relation qu'il fait de cette guérifon), en
difant que peu de jours après que la
goute que le Prélat avoit fortement

R ij

aux pieds & aux mains, l'eut quitté en
conféquence des électrifations qu'il lui
avoit faites ; néanmoins les deux doigts
du milieu de la main droite avoient
eu des reffentimens, à l'occafion de
quoi il dit fort judicieufement , qu'il
feroit à propos d'ufer d'un certain régime , de certaines précautions furtout
après l'électrifation , pour empêcher le
retour du mal ; à quoi M. l'Evêque de
Sebenico ayant manqué , il n'eft point
furprenant qu'il ait eu de nouvelles
attaques de fa goute. Rien en effet ne
paroît plus naturel & plus conforme à ce qu'on éprouve journellement
vis-à vis de la plûpart des maladies ,
qui , quoiqu'on en foit guéri pendant
un certain tems , reviennent comme
auparavant, lorfque la matiere morbi-
fique a eu le loifir & la facilité de fe
former de nouveau. Dans la goute,
on fçait que c'eft une humeur âcre qui
affecte principalement les articulations ; la vertu électrique aidée de certains médicamens, avoit fait diffiper
celle qui tourmentoit M. l'Evêque de
Sebenico , lorfqu'il fe préfenta à M.
Pivati ; après cette opération , le Prélat n'a pas eu foin de prendre les remédes convenables que la médecine in-

dique, pour évacuer l'humeur peccante, la difcuter ou la détourner ailleurs; elle s'eft formée de nouveau, elle a repris fon premier cours, qu'y a-t'il qui doive fi fort étonner ? eft-ce à la vertu électrique à qui il faut attribuer cette récidive, ou à la négligence du Seigneur Evêque ? On prie encore une fois M. l'Abbé Nollet de décider, & en même tems d'être moins impartial une autre fois & un peu plus équitable, lorfqu'il combattra des faits racontés avec toute la naïveté & la fincérité qu'on peut défirer, ainfi qu'on peut s'en convaincre foi-même par tous les antécédens & les conféquens qui font détaillés dans ladite expérience.

Il ne refte donc plus que M. Veratti qui doit couronner fans doute le triomphe du Phyficien de Paris, fur ceux d'Italie. La grande objection qu'on lui fait d'abord »eft que lorfqu'il a crû »que l'odeur de la térébentine & celle »du benjoin s'étoit tranfmife par les »pores du verre, il avoit pû être trom- »pé, en ce que fes cylindres électri- »ques n'étant bouchés qu'avec des »couvercles de bois, l'odeur avoit pû »pénétrer à travers le bois.

Cette conjecture à laquelle M.

Veratti n'a pas paru s'arrêter beaucoup, ne peut pas être regardée comme une raison péremptoire contre les intonacatures ; car il se peut fort bien que les odeurs se transmettent quelque part par les pores du bois , mais en beaucoup plus grande quantité par les pores du verre ; & quand cela seroit , les intonacatures subsisteroient toujours. Que si M. l'Abbé Nollet a prétendu dire , que tout ce qui se transmettoit d'odeur au-dehors passoit uniquement par le bois , pour lors sa conjecture seroit outrée & destituée de toute vraisemblance : car pourquoi les esprits odorans ne passeroient-ils pas également par le verre comme par le bois ? N'y a-t'il pas des pores dans l'un & dans l'autre ? Les matieres , comme les baumes ou autres , ne sont-elles pas contigues immédiatement , plus encore sur le verre qui en est enduit endedans, que sur le bois qui est seulement dans le voisinage ? Dira-t'on que les pores du bois sont plus larges , plus ouverts que ceux du verre ? Mais en revanche, combien de raisons ne militent pas pour le verre ? Premiérement il est infiniment plus mince que les couvercles de bois qui garnissent le cylindre, puifqu'il faut que ces couvercles foient affez forts pour fupporter fur des pivots les cylindres, & réfifter à la rotation. 2°. Les pores du verre font certainement plus droits & plus perméables, puifqu'ils donnent paffage à la lumiere, ce qui ne fe peut faire dans le bois. 3°. La friction agit uniquement fur le verre, ce qui doit par conféquent faciliter la tranfmiffion, puifque par-là on chaffe toutes les bulles d'air & d'eau qui pourroient remplir fes pores. 4°. On ne peut douter que pendant la rotation, l'air & la vertu électrique n'entrent & ne fortent continuellement du dedans au-dehors de la machine, ce qui ouvre les paffages ; & quel inconvénient trouve-t'on donc que les matieres odorantes renfermées dans le cylindre, qui exhalent continuellement, furtout pendant la friction des corpufcules fpiritueux, d'une fubtilité & d'une fineffe pour le moins égale à celle de l'air le plus délié & de la vertu électrique ? quel inconvénient, dis-je, trouve-t'on à tomber d'accord qu'il eft auffi poffible aux efprits odorans de fe tranfmettre à travers le verre, qu'à la vertu électrique ? & quand même il s'en échaperoit un

R iiij

peu par les couvercles, qu'importe ;
n'en pénétreroit-il pas infiniment plus
par le verre, & autant qu'il en faudroit pour se communiquer à la vertu
électrique dans les corps que l'on ap-
procheroit ? D'ailleurs est-il bien décidé que ces corpuscules qui passent
par les couvercles sont absolument per-
dus, étant, pour ainsi dire, toujours
compris dans le tourbillon électrique
qui entoure la machine ? Qu'est-ce
qui les empêche de se joindre aux autres qui sortent immédiatement du
verre, & de les accompagner dans leur
cours avec la vertu électrique ?

Cette conjecture du Physicien de
Paris contre les intonacatures de Bologne, qui au fond n'est pas d'une
grande importance, mise à part, on
ne voit pas trop comment il a trouvé
moyen de fortifier ses doutes avec M.
Veratti. Il paroît au contraire qu'il a
dû le quitter fort mal satisfait, ses réponses ne tournant qu'à la gloire de
l'électricité médicale. En effet, M.
l'Abbé Nollet a dû se trouver fort surpris, lorsqu'il a entendu confirmer
toutes les opérations de M. Bianchi,
par un homme qui les avoit repétées
lui-même avec très-grand soin & avec

beaucoup de fuccès. On lui demande
ce qu'il penfe des purgations électriques, il répond qu'il en a deux exemples fubfiftans à citer & à produire ;
fçavoir, fon Valet & fa Servante, qui
conformément à l'expérience de M.
Bianchi, c'eft-à-dire, après avoir été
électrifés, tenant en main de la fcamo-
née, avoient éprouvé ce qui arrive
quand on prend médecine ; que n'y
ayant eu aucune caufe précédente, il
avoit lieu de croire que ce qui étoit
furvenu à fes deux Domeftiques étoit
une fuite de l'électrifation. On l'inter-
roge de nouveau fur les dix guérifons
rapportées dans fon Ouvrage, il afsûre
qu'elles s'étoient faites exactement de
la même maniere qu'elles y font décrites.

On ne s'en tient pas à fon témoigna-
gne, on va confulter une des perfonnes qui paffe pour avoir été guérie, &
cette perfonne, qui eft un Religieux
de Bologne, rend juftice à M. Veratti,
& certifie bien pofitivement fa guérifon, en faifant le détail de toutes les
circonftances de fa maladie, laquelle
étoit connue de tous les autres Religieux de la même maifon. Après toutes
ces confrontations & récollemens de

témoins, M. l'Abbé Nollet n'a plus de
quoi objecter contre l'électricité médicale. Convaincu par l'Auteur M. Veratti, convaincu par les sujets sur qui
les guérisons ont été faites, convaincu
à ce qu'il dit lui-même par la maniere
dont elles sont circonstanciées dans le
Livre du Physicien de Bologne ; il est
obligé enfin de conclure en ces termes,
page 252. » que ces guérisons (qui sont
néanmoins au nombre de dix , & pour
le moins aussi importantes que celles
» de Messieurs Bianchi & Pivati) ne lui
» font pas tant de peine à croire, par-
» ce qu'il lui paroît assez naturel qu'un
» fluide aussi actif que la matiere élec-
» trique, & qui pénétre dans les corps
» avec autant de facilité , y produise
» des changemens en bien & en mal.
    Tel est donc l'aveu forcé que l'élec-
tricité médicale arrache enfin de la
bouche d'un de ses plus cruels Antago-
nistes ; & l'on peut dire que cet aveu
eût pu être aussi glorieux à ce Physicien,
qu'à l'électricité médicale qu'il avoit
entrepris de combattre , s'il se fût
exempté de finir la relation de ses
voyages , par de misérables objections
qui ne doivent leur existence qu'à la
maladresse , ou au défaut d'invention

& d'expérience de quelques Profeſſeurs de Philoſophie , & de quelques Phyſiciens qui en ſont peut-être aux premieres leçons de leur apprentiſſage en ce genre : objections auſquelles nous avons déja répondu ſuffiſamment , & qui ne ſont certainement pas aſſez efficaces pour être repétées une ſeconde fois.

Cependant malgré le coup d'œil déſavantageux ſous lequel M. l'Abbé Nollet a voulu nous faire enviſager l'électricité médicale en Italie ; il faut convenir néanmoins qu'il mérite des loüanges pour le zéle qui lui a fait entreprendre un aſſez long voyage, uniquement & dans l'intention de ſe convaincre par lui-même de l'autenticité des faits. A la vérité , il étoit parti un peu prévenu ; mais qui ne l'eût pas été à ſa place , après avoir fait pluſieurs tentatives ſans pouvoir réuſſir ? Il n'a pas eu lieu d'être tout-à-fait content des peines que ſon voyage lui a coûté , puiſqu'il a eu le déſagrément de ne pouvoir rien éprouver par lui-même de bien ſatisfaiſant avec les Auteurs des guériſons , comme il avoit quelques raiſons de ſe le promettre. Que lui reſte-t'il donc à faire préſentement

pour le bien de la phyſique & du Public, à qui il veut bien ſe conſacrer
tout entier ? Je le dirai en deux mots :
c'eſt de recommencer à nouveaux frais
toutes les tentatives qu'il a pû faire
juſqu'à préſent ſur l'électricité médicale ; car quand on peut par ſoi-même,
pourquoi aller mandier le ſecours
d'autrui ? c'eſt d'apporter encore plus
de ſoin & d'exactitude, s'il eſt poſſible ; c'eſt de faire uſage de ſon profond ſçavoir & de l'étendue de ſon
génie , en trouvant quelques moyens
de rendre le verre propre à laiſſer à
ſon gré tranſmettre les odeurs , principalement des remédes balſamiques ,
dont on peut tirer un ſervice infini
pour un grand nombre de maladies.
Certainement un homme auſſi verſé
dans la phyſique expérimentale , que
M. l'Abbé Nollet , doit rendre tout
poſſible. Combien n'a-t'on pas vû in-
venter de choſes pour la perfection de
la machine du vuide , qui du premier
aſpect paroiſſoient impraticables , dont
on eſt cependant venu à bout avec de
la réflexion & du travail ? Et pourquoi
n'en ſeroit-il pas de même pour la
tranſmiſſion des odeurs à travers le
cylindre électrique ? M. Pivati y a

réuffi , M. Bianchi , M. Veratti , pourquoi M. l'Abbé Nollet ne réuffiroit il
pas auffi ? Il fuffiroit qu'il le voulût ,
& qu'il le voulût bien efficacement ,
pour lors le fuccès ne feroit pas douteux. Je veux qu'il n'ait pas la gloire
de l'invention des intonacatures & de
la tranfmiffion des odeurs ; mais fe-
roit-ce une raifon pour l'empêcher de
s'appliquer à la perfectionner ? on lui
aura toujours beaucoup d'obligation ,
s'il vient à bout de la rendre efficace en
France, & les progrès fans nombre qu'il
feroit infailliblement après avoir fran-
chi ce premier pas , engageroient très-
volontiers à oublier en fa faveur ceux
qui s'en font annoncés comme les premiers inventeurs.

C'eft dans cette vûe , & pour faciliter de plus en plus aux Phyficiens
qui voudront s'adonner aux opérations
électrico-médicales , & qui , pour remplir cet objet , défireroient connoître
les remédes les plus propres à fe communiquer par le moyen de la vertu
électrique , ainfi que les effets qu'ils
pourroient en attendre eu égard aux
differentes maladies ; que nous join-
drons ici un détail circonftancié de ce
que la médecine & la chymie paroif-

sent fournir de plus efficace à ce sujet, laissant aux personnes plus expérimentées dans ces sciences à enchérir encore dans la suite.

REMEDES

Qu'on peut employer dans les cylindres électriques, & leurs effets.

Morsures des bêtes vénimeuses.

On a remarqué que les alkalis volatils étoient spécifiques contre le venin de la vipere. L'eau de luce est le reméde de M. de Jussieu ; & M. Maloüin prétend que l'huile & l'esprit ou le sel volatil de vipere même, seroient encore plus efficaces dans le cas d'une morsure de vipere, que tout autre alkali volatil, & qu'il est à préferer à l'esprit volatil de sel ammoniac, qui fait la principale partie de l'eau de luce. Or il n'est pas difficile de se servir de ces médicamens, soit en les insérant dans le cylindre électrique en forme d'enduit, soit en les appliquant extérieurement sur la morsure, & en y électrisant ensuite, de sorte que l'électricité fasse pénétrer jusques dans l'intérieur leurs qualités curatives, comme elle a pû le faire dans ceux qui ont été purgés, tenant en main de la scamonée. Ce que nous difons ici de l'application de ces remédes, on aura foin de l'adapter à tous les autres qui fuivent, pour ne point être engagé toujours à de nouvelles répétitions.

L'efprit volatil de vipere eft utile pour les fiévres malignes putrides, qui portent à la peau; il purifie le fang par la tranfpiration; on le donne dans les fiévres pourpreufes & pour la petite-vérole, lorfqu'il s'agit de ranimer & de pouffer au-dehors. Ce reméde agit fur les fibres, dont il fortifie les mouvemens.

Efprit volatil de vipere.

On pourroit fe fervir avec avantage du fel & des gouttes d'Angleterre dans les maladies, qui font avec affoupiffement & convulfion, comme dans certaines fiévres malignes. Entre tous les efprits volatils huileux, ceux tirés de la foye, & qu'on nomme gouttes d'Angleterre, font les plus cordiaux. Les gouttes d'Angleterre font un reméde cordial, qui convient particuliérement dans les fiévres malignes, lorfqu'il y a un trop grand épuifement des forces du malade. Ces gouttes font auffi fort bonnes dans certain cas de vapeurs. La plus grande vertu de ces remédes volatils huileux aromatiques, c'eft de

Sel & gouttes d'Angleterre.

pénétrer dans les vaiſſeaux les plus fins du corps, où la plûpart des autres remédes ne peuvent arriver. Les volatils huileux peuvent agir juſques dans les nerfs, & ils pouſſent par la tranſpiration.

Eſprit de corne de cerf.

Lorſque dans les fiévres malignes, il s'agit de rendre aux liqueurs du corps leur fluidité, l'uſage de l'eſprit de corne de cerf réuſſit bien ; il calme les mouvemens convulſifs ordinaires de ces fiévres, & il arrive quelquefois que les malades en délire reviennent à eux, preſque auſſi-tôt après avoir reſſenti l'influence de cet eſprit. Adam Laben Waldt en a eu des preuves bien ſenſibles dans des fiévres malignes, qui en 1692. vinrent à la ſuite d'un hyver plus humide que froid. Voyez Obſerv. XCI. Ephem. Germ. 1692. p. 148.

L'eſprit volatil de corne de cerf, en calmant les fibres nerveuſes, tempere les trop grands mouvemens des artéres, & remédie ainſi aux agitations du ſang & aux hémorragies qui en dépendent. L'eſprit volatil de corne de cerf diviſe les humeurs viſqueuſes, & par ces proprietés, il convient dans les maladies dont le ſiége eſt dans la tête, comme les apopléxies, épilepſies, &c.

On

On peut rendre l'efprit volatil de corne
de cerf encore plus efficace, en y joignant la proprieté de l'efprit volatil
de fuccin ; il faut pour cela verfer
dans de l'efprit volatil de corne de cerf,
de l'efprit volatil de fuccin, jufqu'à ce
qu'ils ne fermentent plus enfemble ;
c'eft ce qu'on nomme efprit de corne
de cerf fucciné. On en a déja parlé.

L'eau & quelquefois l'efprit de corne
de cerf, font bons extérieurement dans
certains cas d'ulceres, qui font avec
froncement convulfif des fibres, &
dans ceux où il fuinte une humeur
âcre qui tourne à l'aigre.

Le fel & l'efprit volatil de corne de
cerf, de même que tous les autres fels
volatils, appaifent quelques-uns des
trop grands mouvemens du fang, &
ceux qui font caufés par un mouvement convulfif des fibres nerveufes.
M. Sthal fe fert pour mettre les nerfs
dans leur tenfion naturelle, de l'efprit
de corne de cerf, de la teinture d'antimoine, & de la teinture du fel alkali
de tartre mêlés enfemble. Pour certains crachemens de fang, & pour des
hémorroides qui fluent trop, ce grand
Médecin faifoit mêler enfemble de
l'efprit de corne de cerf & de la tein-

ture d'antimoine. On donne ce reméde plus efficacement, lorfqu'on en a fait un fel moyen, en l'uniffant à l'acide volatil de fuccin.

Efprit de fel ammoniac. L'efprit volatil urineux de fel ammoniac, eft très-pénétrant : on s'en fert dans les fincopes pour redonner le mouvement, dans l'apopléxie, dans la létargie.

L'efprit volatil huileux aromatique de fel ammoniac, dans le cas d'apopléxie & de létargie avec affaiffement, eft auffi très-falutaire. L'efprit volatil de corne de cerf, s'employe fort à propos dans les fincopes & dans les affoupiffemens, qui font avec des mouvemens convulfifs ; de même que l'efprit volatil de vipere dans l'affoupiffement des fiévres putrides ; & les goutes d'Angleterre, lorfque dans tous ces cas, il faut en outre foutenir les forces du malade.

Eau de fleurs d'orange. L'eau de fleurs d'orange eft bonne dans les maladies des nerfs, elle eft calmante ; c'eft pourquoi elle eft d'un grand ufage pour foulager dans les vapeurs & dans les maladies hipocondriaques.

Le mufc. Le mufc qui donne des vapeurs, les guérit lorfqu'on le prend en grande doze, suivant les observations des Médecins d'Edimbourg, qui ont suivi en cela celles des Médecins de la Chine.

Les huiles soit essentielles ou grasses, donnent de la souplesse aux fibres roides & séches, de la fermeté & du ressort à celles qui sont relâchées. On craint ordinairement, & peut-être plus souvent qu'il ne faudroit, qu'elles ne bouchent les pores de la peau ; l'expérience nous apprend que l'huile de lys, par exemple, est excellente pour les tumeurs inflammatoires & fluxionaires. *Huiles.*

L'essence de geniévre est un reméde spécifique pour les ulceres des reins de la vessie & de la matrice ; & lorsqu'on la destine pour ces parties, on en fait un baume. *Essence & esprit de geniévre.*

L'esprit ardent de geniévre est stomachal & diuretique.

Le baume de souffre, est une dissolution du souffre par une liqueur huileuse ; l'huile de térébentine est en général la plus convenable pour tirer la teinture du souffre, aussi le baume de souffre térébentiné est le plus en usage. Il est bon lorsqu'il y a ulcere aux poûmons, après une fluxion de poitrine, une pleurésie, une péripneumonie, *Baume de souffre.*

& après l'empyeme & la vomique ; en général, lorfqu'on foupçonne un abfcès dans l'intérieur, & qu'on juge que le pus peut prendre la voye des urines.

On employe le baume de fouffre anifé dans les maladies de l'eftomach & des inteftins ; lorfqu'on deftine le baume de fouffre pour s'en fervir dans les maladies des reins, de la veffie & de la matrice, on le prépare avec de l'huile de geniévre.

On fe fert auffi extérieurement du baume de fouffre térébentiné ; il eft vulnéraire & déterfif. En vuidant les extrêmités des vaiffeaux rompus, il divife les humeurs vifqueufes & purulentes, & les fait couler, ce qui s'appelle *déterger*.

Efp it de fouffre. On donne l'efprit de fouffre dans les fiévres ardentes & pour les maladies peftilentielles. L'efprit de fouffre calme le trop grand mouvement des parties des humeurs entr'elles, & il réprime le boüillonement de la bile, il prévient la diffolution alkaline des liqueurs.

L'efprit de fouffre employé extérieurement, fert auffi à arrêter le progrès de la mortification gangréneufe & de la pourriture des chairs. Riviere en

rapporte un exemple frappant dans la
49.ᵉ de ſes Obſervations. On adoucit
auſſi l'eſprit de ſouffre avec de l'eſprit
de vin ; & ce reméde diminue les ac-
cès des fiévres intermittentes, & même
ſi on le réitere trois ou quatre fois, il
guérit ſouvent ces fiévres, ſi elles ne
ſont que printanieres.

La teinture ou eſſence de ſuccin qui Succin.
ſe prépare avec l'eſprit de vin, eſt excellente pour les ulceres intérieurs,
ſurtout pour ceux des parties qui ſer-
vent à la ſéparation & à l'évacuation
des urines. On s'en ſert dans l'apopléxie & la paralyſie, parce que le ſuccin
eſt ami des nerfs, & eſt propre à en
rétablir les mouvemens naturels.

Si dans le bon eſprit de vin volatil
de corne de cerf, on fait fondre du ſel
de ſuccin autant qu'il en pourra porter, on fait ce qu'on nomme *eſprit de
corne de cerf ſucciné*, qui eſt un excellent reméde contre l'épilepſie, & dans
le cas des vapeurs convulſives. Il n'eſt
pas néceſſaire de prendre pour cette
compoſition un ſel de ſuccin rectifié,
il n'y qu'à prendre celui qui eſt avec
l'huile de ſuccin ; enſuite on rectifie
ce mêlange en le faiſant diſtiller. On a
par ce moyen un bon eſprit de corne

de cerf fucciné , qui eft un fel moyen
& volatil en forme liquide.

Eau de luce.

On fait de l'eau de luce avec l'huile
de fuccin ; cette eau eft bonne pour les
maladies de la tête & pour ranimer
dans les évanoüiffemens. On compofe
cette eau de luce en faifant diffoudre
fix goutes d'huile de fuccin rectifiée
dans deux fcrupules du meilleur efprit
de vin. La diffolution étant parfaite ,
on le mêle avec une once d'efprit volatil de fel ammoniac le plus fort.

Eau de Rabel.

L'eau de Rabel , eft un compofé d'a-
cide vitriolique & d'efprit de vin. Ce
compofé eft fort defficatif, il donne de
la confiftance au fang & en calme le
trop grand mouvement. C'eft pourquoi il peut être employé dans les
les pertes , foit rouges , foit blanches :
on peut auffi en faire ufage dans certains crachemens de fang.

D'éther.

L'éther eft compofé d'huile de vitriol
rectifiée, & d'efprit de vin tartarifé.
L'éther eft un des plus parfaits toniques qu'il y ait en médecine , il eft
ami des nerfs & très-propre à redonner aux fibres leur force néceffaire
pour faire leurs mouvemens naturels :
c'eft pourquoi, il eft cordial & calmant.
On peut s'en fervir dans toutes les oc-

casions où on a besoin de produire l'un
de ces deux effets. Il y a un grand inconvénient par rapport à l'éther en
médecine ; c'est que son usage est très-
difficile à cause de sa grande volatili-
té, au lieu que dans l'électricité, il
n'en deviendra que plus propre à se
transmettre, & à faire sentir sa vertu
dans tous les corps.

L'éther est un fort bon remède dans
les rhumes, pour calmer la toux. On
peut faire usage également de la liqueur anodine minérale d'Hoffman,
qui a les mêmes effets que l'éther ; elle
est composée d'huile douce de vitriol &
d'esprit de vin.

L'esprit de nitre dulcifié, qui se fait   *Esprit de*
avec l'esprit de nitre & l'esprit de vin   *nitre dul-*
est un bon désobstructif, particuliére-   *cifié.*
ment pour les reins. Il est recommandable, surtout pour ceux qui sont sujets à la gravelle, & qui ont à craindre
qu'il ne se forme des pierres dans leurs
vessies.

On employe utilement l'esprit de nitre dulcifié dans le cas de colique ven-
teuse, & alors on en augmente la vertu, en le joignant avec de l'essence car-
minative de Silvius.

L'eau de Belloste, qui est composée   *Eau de*
  Belloste.

d'esprit de sel , d'eau de vie & de saf-
fran , est fort vantée pour les coups à
la tête. Elle a souvent la propriété
d'attirer en dehors , & il semble qu'elle
n'attire que de la partie où le coup a
porté , quoiqu'on en frotte ou qu'on
en électrise également tout le reste de
la tête.

L'esprit de sel dulcifié. L'esprit de sel dulcifié est composé
d'esprit de sel & d'esprit de vin recti-
fié. Il arrête la dissolution gangreneuse
du sang , il resserre & il raffermit les
fibres ; il est bon aussi pour les des-
centes.

Par le moyen des dissolvans , quel
usage ne feroit-on pas dans l'électricité des differens sels , qui par le moyen
de ces fondans , feroient sentir toute
leur vertu par la transmission ? Le sel
de Glauber , recommandable pour les
affections hystériques & les hypocon-
driaques , pour amollir les obstructions
& dissoudre les humeurs visqueuses.
Le sel d'epsom , si salutaire dans les
cas où il faut fondre & ranimer en même tems , comme dans les cas d'apopléxie , d'engourdissement & de paralysie.
Le sel de *duobus* excellent diuretique ,
& d'un grand secours dans les hydro-
pisies. Le sel de chaux , qui est très-
aperitif,

apéritif, & très-bon pour foulager les mélancoliques & les vaporeuses. Le fel de mars, qui eft admirable pour guérir certains dérangemens de régles qui viennent d'obftruction & de relâchement, de même que pour les gonorrhées & les fleurs blanches des femmes. Le fel de faturne fondu dans quelque liqueurs, contre les hémorroïdes ; le fel polycrefte qui eft un des meilleurs remédes pour les hydropifies de poitrine ; & ce que l'on dit ici du fel, on pourroit l'appliquer aux fouffres dont l'ufage eft très-étendu.

D'après ces indications, l'on ne peut donc douter qu'on ne tirât un fervice infini de l'électricité médicale, par le moyen de laquelle on pourroit employer tous ces differens médicamens fuivant l'occurrence des maladies.

OBJECTIONS.

On objectera peut-être qu'il feroit très-difficile de pouvoir fe fervir de la plûpart de ces drogues dans les cylindres, que la dépenfe iroit loin, & qu'on ne pourroit s'empêcher de faire une grande perte de ces differens médicamens, le cylindre étant pour l'ordinaire de quatre à cinq pouces de diametre : ce qui dégoûteroit la plûpart des malades, qui ne feroient pas en état d'en effuyer les frais, & que d'ailleurs l'attirail des cylindres iroit à l'infini, puifque chaque drogue demanderoit fon cylindre particulier.

Il eft jufte de fatisfaire fur tous ces chefs ; & quoique la pratique fourniroit infailliblement à l'efprit mille moyens pour parer à ces inconvéniens, nous effayerons néanmoins d'indiquer dès-à-préfent ce qui nous paroîtroit à portée d'y remédier pour la plus grande partie.

Premiérement, il n'y auroit pas tant de difficulté que l'on pourroit bien s'imaginer d'enduire les cylindres : car ou les médicamens dont on fe fervira feront de forme liquide ou de forme féche, ou ils tiendront le milieu entre l'un & l'autre. S'ils font liquides, on peut fort aifément les réduire à la confiftance des baumes par plufieurs méthodes que nous avons déja annoncées, & qui font en la main de prefque tous les Apothicaires. S'ils font fecs, c'eft de les amollir par quelques fondants, comme ceux que nous

avons cités, ou autres que le Médecin jugera plus propres à l'état de la
maladie. S'ils tiennent le milieu entre
la forme liquide & la forme féche, c'eſt
préciſément celle des baumes & la plus
commode pour mettre en enduit.

En ſecond lieu, quoique la plûpart
de ces remédes ſoient coûteux, cependant la dépenſe n'en ſeroit pas exceſ-
ſive, ayant attention pour les plus
chers d'imbiber par exemple un linge
plié en pluſieurs doubles, large d'un
pouce ou environ, & qui rempliſſe
préciſément la circonférence intérieure
du cylindre, qu'on pourroit renouvel-
ler toutes les fois que beſoin ſeroit, &
que l'on aſſujettiroit dans l'intérieur
du cylindre par le moyen d'un cercle
de carton ; de ſorte que le linge imbibé ſe trouvât colé immédiatement
contre la ſurface du verre. Que ſi cette
façon ne réuſſit pas, on peut appliquer
le linge imbibé ſur la partie du corps
affectée, ou la plus voiſine du mal, &
enſuite y porter la vertu électrique ; de
maniere que cette vertu ne pénétrant
dans le corps qu'à travers le linge, elle
emporteroit néceſſairement avec elle
le plus fin & le plus ſpiritueux du
reméde.

T ij

On pourroit encore attacher à l'extrêmité de la barre suspendüe à l'ordinaire, le vase dans lequel les huiles,
baumes ou essences seroient contenuës,
& en recevoir immédiatement la vertu
électrique qui en sortiroit ; il est hors
de doute qu'en passant, elle s'impre-
gneroit de la qualité des remédes,
comme M. Pivati l'a éprouvé sur une
fleur, dont il a senti un écoulement
d'odeur qui lui avoit même causé une
espece d'enchifrenement après l'avoir
introduit dans ses narines, assûrant de
plus que cette expérience lui avoit
réussi sur la canelle, le gerofle, la
noix muscade & autres aromates, qui
avoient excité sur son odorat la sensation qui leur est propre.

Ainsi de l'une de ces trois manieres,
ou en enduisant le cylindre, ou en
appliquant sur le corps le reméde & y
électrisant ensuite, ou en le joignant
au bout de la barre suspendüe, on parviendroit sûrement & efficacement à
faire pénétrer dans toute l'habitude du
corps les proprietés curatives des médicamens conjointement avec la vertu
électrique.

Mais, dira-t'on peut-être encore, à
quoi bon mandier le secours de l'élec-

tricité ? ne feroit-il pas bien plus facile
& plus sûr de faire avaler les remédes
aux malades ?

A cela l'on répond, que l'électricité
peut faire de certaines chofes qu'il feroit impoffible de pratiquer fans elle,
comme de faire parvenir les remédes
tels qu'ils font jufques dans les parties
les plus internes du corps ; car en fe
ramaffant dans l'eftomach, il faut,
pour ainfi dire, qu'ils changent de nature avant qu'ils puiffent arriver aux
parties offenfées ; & étant ainfi alté-
rés, il peut fe faire non-feulement
qu'ils ayent perdu toute leur vertu
bienfaifante ; mais encore qu'ils ayent
acquis des qualités nuifibles. Au lieu
qu'en s'introduifant dans le corps par
le moyen de l'électricité, c'eft une maniere tout-à-fait douce & commode
de les adminiftrer avec toute leur activité, & d'une façon, pour ainfi
dire, infenfible. D'ailleurs rien n'empêche que par le fecours de cette vertu,
on n'introduife dans les parties les
plus internes des médicamens topiques
(ce qui fouvent eft impoffible à tout les
efforts de la médecine) lefquels foit par
des chocs réiterés défobftrueroient les

vaiffeaux, foit par un courant non-interrompu détergeroient, confolide-roient, porteroient un baume dans les parties jufqu'ici inacceffibles. Auffi M. Pivati afsûre avoir fait des expériences très-heureufes en ce genre, foit en aidant la digeftion, foit en provoquant la tranfpiration, ou en confolidant des playes en peu de tems par le moyen des cylindres balfamiques ; foit en diffipant des vapeurs hipocondriaques, des douleurs, des fluxions, enfin dans plufieurs efpéces de maladies ; & ce qu'il avance paroît très-croyable, quoiqu'en difent les frondeurs de l'électricité médicale : car fi les écoulemens des matieres contenues dans les cylindres les traverfent, jettent differens rayons de lumiere, & pénétrent dans le corps au point qu'on a pû le voir dans le grand nombre d'expériences rapportées dans la premiere & feconde Partie de cette Hiftoire ; il paroît raifonnable de croire que s'infinuant comme par forme d'infpiration par tous les pores les plus infenfibles, ils doivent opérer dans les endroits où ils parviennent, les effets qui leur font naturels.

Electricité médicale, page 35.

Il est vrai que jusqu'à ce qu'on soit suffisamment éclairé sur cette matiere, on doit s'attendre à des variations singulieres, à des effets qui souvent paroîtront tout opposés à ce qu'on a lieu d'en attendre ; mais qui néanmoins ne doivent pas rebuter, la guérison des maladies ne demandant peut-être que plus ou moins de persévérance, telles ou telles précautions particulieres dans les differentes circonstances où l'on pourra se rencontrer. M. Pivati nous fournit un exemple assez sensible de la vérité de tout ceci. Il dit qu'une personne qui souffroit des douleurs occasionnées par une âcreté d'humeur, éprouva un soulagement considérable d'une premiere électrisation ; que l'ayant repétée quelque tems après pendant une demie heure, ses douleurs empirerent & lui ôterent le sommeil. Il revint à la charge quelques jours après, & l'électrisa seulement pendant cinq ou six secondes, elle s'en trouva beaucoup mieux & elle dormit très-bien. Ayant répeté de nouveau l'opération, il en eut le même succès ; de-là il conclut ce que nous venons de conclure avec lui, que certaines mala-

Electricité médicale, page 38.

dies, certains tempéramens demandent
une électrisation plus ou moins longue, demandent certains remédes ap-
propriés à l'état où ils se trouvent ;
enfin certains petits préparatifs qu'on
est forcé d'abandonner à la prudence
& à l'habileté du Médecin.

Que si l'on oppose encore qu'il seroit dangéreux de se servir de l'électricité médicale, parce que cette vertu
se communiquant par tout le corps, il
seroit à craindre que les remédes qu'on
employeroit en soulageant une partie,
ne nuisissent aux autres: en second lieu,
que souvent la foiblesse des malades
les mettra hors d'état de pouvoir se
prêter à la situation, qui seroit nécef-
saire pour recevoir les influences de la
vertu électrique, comme de se tenir
auprès de la machine, être de bout
sur des gâteaux de bois, tendre le
bras, la main, ou quelqu'autre partie
du corps à découvert, &c.

A la premiere objection, il suffira
de répondre que cet inconvénient ne
se trouve pas seulement dans l'électricité, mais dans tous les remédes que
l'on fait avaler, & encore d'une maniere bien plus forte. C'est alors à la pru-

dence du Médecin à faire une juste combinaison de la complication des maladies, & à n'ordonner que des remédes qui puiffent foulager les uns, fans empirer les autres. D'ailleurs, il y a encore un moyen, pour l'électricité, d'obvier à cet inconvénient ; car M. l'Abbé Nollet a éprouvé que l'on peut fort bien communiquer la vertu électrique à une partie du corps, fans la communiquer aux autres, & électrifer les unes plus fortement que les autres. Voici l'expérience qu'il a faite à ce fujet.

Il coupa en deux parties égales une éponge, qu'il humecta d'eau commune le plus uniformément qu'il lui fut poffible. Il pefa ces deux moitiés feparément, & les mit d'équilibre enfemble ; il les réunit & expofa le tout pendant cinq ou fix heures à un corps électrifé, vis-à-vis duquel il eut foin de tourner une des deux moitiés de l'éponge. Cette moitié plus directement, plus prochainement expofée que l'autre à la vertu électrique, fe trouva auffi la plus légere, quand on vint à les pefer de nouveau toutes deux.

»Il eft donc prefque indubitable,

Recherches fur l'électricité.

»conclut cet Académicien , qu'on
»pourra de même déterminer la ma-
»tiere électrique à fortir d'un bras,
»d'une jambe , de la tête , plutôt que
»des autres membres du corps ; &
»puifque ce fluide , ajoûte-t'il , en
»fortant ainfi avec précipitation des
»corps animés , entraîne indubitable-
»ment une partie des fubftances qui fe
»trouvent dans les vaiffeaux excrétoi-
»res ; il y a lieu de fe flatter qu'on
»pourroit en certain cas ménager ce
»moyen affez heureufement , pour
»défobftruer ces mêmes vaiffeaux &
»pour les purger de ce qu'ils contien-
»droient de vicieux.

Ce que M. l'Abbé Nollet dit ici au
fujet de la tranfpiration , milite également pour l'application des remédes,
parce qu'ils fuivroient infailliblement
la même route que la vertu électrique,
qui en feroit le véhicule & le conduc-
teur.

A l'égard de la maniere dont on
pourroit électrifer les malades fans les
gêner (ce qui fournira la réponfe à la
feconde objection) nous ne ferons
qu'indiquer ici les differens expédiens
que cet Académicien propofe & enfei-

gne , au moyen defquels les malades
ne fe trouveront nullement incommo-
dés ; ce qui fervira également pour la
tranfpiration , comme pour la tranfmiffion de la vertu des remédes.

» S'il arrivoit, dit-il dans fes R echer-
» ches , que l'on pût foulager ou gué-
» rir des malades en les électrifant, il
» eft bon que l'on fçache qu'on pourra
» leur appliquer ce réméde , fans les
» tourmenter par des attitudes & des
» pofitions gênantes ; & pour le dire en
» un mot , fans les électrifer eux-mê-
» mes. Il fuffit qu'ils foient placés dans
» le voifinage d'un corps électrifé qui
» ait un certain volume.

Ce Phyficien afsûre l'avoir éprouvé
fur des animaux à qui la tranfpiration
arrivoit de la même façon , que lorfqu'ils étoient appliqués immédiatement à la machine électrique.

» Il feroit même facile , continue-
» t'il , de faire reffentir les effets de l'é-
» lectricité à un grand nombre de corps
» en même tems, fans les déplacer, fans
» les gêner , fuffent-ils à des diftances
» très-confidérables ; quelques tuyaux
» de tole , quelque fils de fer tendus
» qui porteroient de diftance en diftan-

»çe des feüilles de même métail , &
»qui regneroient le long d'une plate
»bande ou d'un gradin ; des paquets
»de clefs , des paniers pleins de cloux
»ou de vieux fers qu'on tiendroit fuf-
»pendus auprès d'un malade , le ma-
»lade reftant dans fon lit ou dans un
»fauteuil , mille autres moyens encore
»plus faciles , & que l'induſtrie la plus
»commune pourroit fuggérer, ne man-
»queroient pas de mettre les effets de
»l'électricité à la portée de tout le
»monde , & d'en étendre l'ufage autant
»qu'on le fouhaiteroit.

Nous avons pris plaifir à citer les
propres paroles de M. l'Abbé Nollet ,
afin qu'on ne s'imagine pas qu'il foit
contraire en tout à l'électricité médicale , & qu'on ne nous accufe pas dans
la fuite de n'avoir donné que des conjectures fur cette matiere.

Au reſte , ce n'eſt pas ici un genre de
fcience fur lequel un homme feul pût
dogmatifer fuffifamment , pour enfei-
gner lui feul ce qu'il y auroit à faire &
à fçavoir. Il ne peut après avoir mis au
jour les réflexions & le travail de gens
qui paffent pour les plus éclairés & les
plus verfés en cette nouvelle fcience ,

qu'exhorter tous les Sçavans, soit en physique, soit en médecine, à s'efforcer dorénavant d'entrer dans la même carrière, & faire ensorte de découvrir par des travaux réiterés, ce qui manque à la perfection de l'électricité médicale, pour qu'elle devienne aussi utile à la société, qu'en effet elle paroît le promettre.

Mais comment y réussir, dira-t'on? Comment remplir un point de vûe si étendu, qui ne laisse pas de demander outre l'application, des dépenses & de certaines facilités, que tout particulier n'est pas en état de se procurer; car il faut pour cela des machines électriques bien montées & en bon état; il faut des drogues qui ne laissent pas pour la plûpart que de coûter; il faut des malades & en assez grand nombre, pour continuer avec assiduité les expériences nécessaires. Il faut en outre des Sçavans également éclairés dans la physique & la médecine, qui ayent le tems & le loisir de s'en occuper, ce qui suppose de l'aisance dans la fortune & de la commodité; où trouver aisément toutes ces choses réunies ensemble?

Rép. Quoiqu'à la vérité l'exécution

n'en paroiffe pas facile, il n'eft pas
pourtant impoffible d'en venir à bout,
& non-feulement dans la Capitale du
Royaume, mais dans prefque toutes
les Capitales des Provinces, & dans
plufieurs autres Villes. Voici le plan
que l'on pourroit fuivre.

MOYENS FACILES

*Pour rendre univerfel l'ufage de l'élec-
tricité médicale, & acquérir de nouvelles connoiffances en ce genre de
fcience.*

IL eft conftant qu'il n'y a aucune
Capitale, où l'on ne trouve des
Hôpitaux fondés; les Médecins attachés à ces Hôpitaux y auroient toutes
fortes de facilités; la maifon leur fourniroit les remédes, ils auroient des
fujets à choifir, & en quantité fur qui
ils pourroient porter leurs expériences,
gens pour l'ordinaire qui ne font pas fi
fufceptibles de délicateffe, & qui dans
l'efpérance de parvenir à une prompte
guérifon, fe prêteront à tout ce que
l'on voudra.

Dans chacun des Hôpitaux, il fe
trouve des Chirurgiens & des perfon-

nes intelligentes dans la pharmacie, qui aideroient encore de leurs conseils & de leurs soins. Presque toutes ces maisons sont fort en état de se procurer une machine électrique : une demi douzaine de cylindres de verre, un roüet semblable à ceux dont on se sert pour filer la laine & un gâteau de poix de deux ou trois pouces d'épaisseur en font toute l'affaire, dépense tout au plus de 40 ou 50 livres.

Afin que l'on puisse se procurer avec plus de facilité des machines électriques, conformément au plan qui vient d'être proposé, on a jugé à propos de joindre ici l'avis suivant : *

* Le Sieur André Bourbon, Ingénieur de l'Académie Royale des Sciences, en ce qui concerne les instrumens de physique, & qui est l'unique pour monter avec perfection une machine électrique, fournit ces sortes de machines avec leur roüet & archet, gâteau de poix & rezeau de soye, canon de fer blanc & son support, chaîne, phiole garnie & remplie de limaille, globe de six pouces de diametre ou environ avec son coussinet, cylindre de six pouces de long sur trois de diametre pareillement avec son coussinet, des écrous pour l'attacher, tube d'un pouce de diametre sur vingt-quatre de longueur; enfin le tout à l'épreuve & dans l'état où il

Par ce moyen tout Hôpital devien-
droit dorénavant comme une école &
une Académie d'électricité médicale.

convient pour opérer, généralement tout les
phénomenes électriques, & cela pour la
fomme modique de quarante-cinq livres, fe
chargeant de l'embalage & de l'envoyer
dans toutes les Villes où l'on en demandera,
fut-ce même hors du Royaume, fans entrer
néanmoins dans les frais de port. Il fuffira
de lui écrire directement. Il demeure *à la
grande rue du Fauxbourg Saint Antoine, au-
deffus des Enfans trouvés, au Baromettre
rouge.*

A l'égard de ceux qui défireront avoir des
cylindres, qui fe démontent avec des vis
pour y pouvoir inférer des médicamens,
comme baumes où autres, le Sieur Bourbon
en fournira autant qu'on le jugera à propos
à fix livres. Quoique le gain qui en réfulte fe
réduife à peu de chofe, cependant il veut
bien s'en contenter, dans la vûe de donner
auffi de fon côté toutes les facilités qui dépen-
dront de lui, s'étant appliqué à ce genre de
travail beaucoup plus par goût & par zéle
pour le progrès de la phyfique, que pour le
profit qui pourroit lui en revenir.

Quant aux perfonnes qui défireront joindre
les ornemens de la fculpture & de la pein-
ture à ces fortes de machines, le Sieur
Bourbon aura foin de les leur faire exécuter
dans le meilleur goût, & relativement au prix
qu'elles voudront y mettre. Cet excellent
Artifte peut fe vanter de joüir d'une réputa-

où

où chacun pourroit s'inftruire, tant de la maniere d'opérer, que des remédes propres à chaque maladie. On auroit foin de faire des obfervations exactes bien circonftanciées & de les mettre par écrit. Venant enfuite à être rendues publiques, l'une ferviroit d'induction pour l'autre, & dans peu l'on fe trouveroit en état d'agir auffi fûrement & auffi efficacement par le moyen de l'électricité médicale, que par les formules ordinaires de la médecine.

Outre ce que nous venons de dire touchant les Hôpitaux, il eft un grand nombre de Médecins dans le Royaume, qui pour peu qu'ils foient picqué d'émulation, mettroient très-volontiers la main à l'œuvre chacun de leurs côtés. Les Académies y contribueroient infiniment fi elles vouloient ; elles n'auroient qu'à propofer à l'avenir pour fujet du prix qu'elles diftribuent tous les ans, quelques Problêmes de l'électricité médicale, fur lefquels elles

tion toute faite : on laiffe aux differentes Académies & aux Sçavans de profeffion, qui font continuellement en relation avec lui, à lui rendre la juftice qu'il mérite.

Part. III. V

demanderoient des Mémoires bien détaillés, principalement fondés sur des expériences, qu'elles seroient en droit de repéter ou faire repéter par les Auteurs ; ce qui fourniroit une espéce de démonstration pratique des choses que les Concourans auroient avancé, & ce seroit pour lors l'importance & l'évidence des faits qui détermineroient à accorder le prix.

Le choix des sujets à proposer par les Académies, seroit ce qu'il y auroit de plus essentiel : jusqu'à présent on n'a vû paroître que des questions spéculatives ; il faudroit désormais les retrancher, à l'exception néanmoins de celles, qui, d'après quelques découvertes singulieres, deviendroient de conséquence pour remonter à l'origine & au principe.

Comme l'on sçait que l'électricité agit sûrement sur la paralysie, une Académie pourroit d'abord débuter par-là, en proposant, par exemple, d'assigner la maniere la plus efficace d'électrifer les paralytiques, & les remédes les plus propres à concourir à la guérison de cette maladie, par le secours de l'électricité. Un autre Aca-

démicien en fera de même sur la gou-
re, une autre sur l'épilepsie, une autre
sur les rhumatismes, les fiévres, les
maladies vénériennes, &c. En posant
pour régles 1°. Que tout Mémoire qui
ne sera point fondé sur l'expérience
sera rejetté. 2°. Que l'état des maladies que l'on voudra faire servir de
preuves, sera constaté en chaque lieu
par le rapport des Médecins, Chirurgiens, &c. de même que celui des
guérisons (s'il s'en fait) avec toutes
leurs circonstances. 3°. Que chaqne
Académie sera en droit de faire repéter
les expériences que l'on citera, par des
personnes désintéressées & intelligentes, pour reconnoître si les effets qu'on
annoncera, sont bien réels & bien
constans, & s'il n'y a pas eu de mépri-
se. 4°. Qu'il sera libre aux Auteurs des
Mémoires de les faire ou faire faire
eux-mêmes (ces expériences) en leur
présence, sous les yeux de l'Académie
dès lors qu'ils seront bien assûrés de ce
qu'ils avancent, de sorte que ce sera la
réussite qui déterminera les Juges. En ce
dernier cas, on auroit recours aux Hôpitaux pour éviter la dépense aux par-
ticuliers, & l'Académie députeroit des
personnes de sa part pour être témoins

des opérations , & lui en rendre un compte fidéle & exact.

Il eſt ſûr que le Phyſicien ou le Médecin qui auroit le bonheur de réuſſir dans quelques-uns des points que nous venons de citer , ſe feroit dans peu une réputation , qui lui ſeroit infailliblement auſſi glorieuſe qu'utile pour l'avancement de ſa fortune ; de tout ce qui tend au bonheur des hommes , rien ne les intéreſſant ſi fort que ce qui peut concourir à la conſervation de leur être & au rétabliſſement de leur ſanté. On trouve des gens indifferens ſur tout le reſte , pris en particulier ; il en eſt qui ſe ſoucient peu des honneurs , & qui vivent ſans ambition ; d'autres qui mépriſent les richeſſes , les plaiſirs , &c. mais il n'eſt perſonne qui ne ſoit jaloux de ſa ſanté , quelque détaché qu'il ſoit de la vie , & qui ne cherche à ſe procurer la guériſon de ſes maux. Quelle gloire ne s'acquéreroit donc pas un Phyſicien , qui parviendroit, à l'aide de l'électricité médicale , à pouvoir guérir des maladies contre leſquelles la Médecine a échoüé juſqu'à préſent !

Au reſte , comme il ſe trouve ſur toutes ſortes de matieres beaucoup de

génies pleins de suffifance, & encore
plus d'efprits contradicteurs ; fi ce que
l'on vient de dire n'eft pas du goût
d'une Nation, il pourra fort bien l'être
de celui d'une autre. L'Italie paroît
avoir donné le ton jufqu'à préfent
pour ce qui regarde l'électricité médicale, pourquoi ne le lui difputeroit-
on pas à l'avenir ? L'Allemagne, l'Angleterre, la Hollande, &c. n'ont pas
été les dernieres à annoncer les phénomenes électriques, qui pouvoient pic-
quer la curiofité, pourquoi le feroient-
elles, quand il s'agira d'un objet infiniment plus intéreffant, & qui tend au
bien général de tous les hommes ? Si
l'on n'y a pas encore été auffi heureux
qu'au-delà des Alpes, pour trouver le
moyen de rendre les remédes tranfmif-
fibles avec l'électricité, c'eft que fans
doute les efforts qu'on a fait pour y
parvenir, ne font pas encore fuffifans :
en les réitérant, en les redoublant,
en fuivant à peu près le plan que nous
venons de décrire, il n'y a rien qui ne
leur devînt poffible. Ils ne nous ont
fait part jufqu'ici d'aucune paralyfie
guérie par la feule vertu électrique,
on eft cependant en droit de leur en
citer près de vingt bien authentiques,

qui se sont operées tant à Genéve qu'à
Montpellier, avec le seul cylindre &
sans aucun reméde. Parce que peut-
être dans les Contrées du Nord on n'a
pû réussir à en faire autant, seroit-ce
une raison pour vouloir récuser celles
que nous venons de nommer? Et ce
que nous disons ici des guérisons de
Genéve & de Montpellier, pourquoi
ne l'étendrons nous pas également à
celles de Turin, de Vénise & de Bologne? Parce qu'on n'a pu venir à bout
d'en faire autant en France, ou en Angleterre, seroit-on suffisamment auto-
risé à vouloir les faire passer pour sus-
pectes? Non sans doute; ce qu'on en
peut conclure, c'est qu'on n'est pas encore assez expérimenté sur ces sortes
d'expériences pour pouvoir assigner
une maniere de les faire toujours uniformement & infailliblement; c'est
au tems & au travail à nous l'apprendre.

Je ne vois rien de plus capable de
nous confirmer dans cette idée, que
le rapport & la ressemblance, pour
ainsi dire, parfaite qui se trouve entre
la découverte de l'électricité & celle
de l'aimant. L'histoire de l'un pourra
jetter un grand jour sur celle de l'au-

tre ; ainſi il ne ſera pas indifferent d'en dire ici quelque choſe , d'autant plus que les inductions qu'on ſera à même d'en tirer , pourront en impoſer à un grand nombre de contra-dicteurs.

PARALLELE

De l'aimant & de l'électricité.

Dès les ſiécles les plus reculés , on connoiſſoit à l'aimant une qualité attractive. Cette qualité ne la faiſoit regarder que comme une choſe aſſez inutile , & on ne la comptoit guere que pour être miſe au rang des bagatelles curieuſes , lorſqu'enfin on découvrit ſa proprieté directive.

On eſt ſurpris , & avec raiſon , de la négligence des Hiſtoriens , qui ne nous ont appris ni le tems , ni l'auteur d'une ſi précieuſe invention. Toutes les recherches des Critiques n'ont pû nous faire parvenir à des éclairciſſemens certains. Les uns en attribuent la gloire aux anciens Grecs , d'autres aux Arabes ; quelques-uns prétendent que *Marco Polo* , ou Paul le Vénitien , apporta l'aiguille aimantée en Europe , vers l'an 1260 , à ſon retour de la Chine

& des autres Pays de l'Orient qu'il avoit parcourus. D'autres enfin que Roger Bacon, Moine Anglois, découvrit le premier l'attraction polaire de l'aimant; mais la plus grande partie des Ecrivains accordent l'honneur de cette importante découverte à un habitant d'Amalfi dans le Royaume de Naples, sans s'accorder sur son nom, qui est suivant les uns *Flavio*, & suivant les autres *Giovanno Gioia* ou *Gira*, ils fixent le tems vers la derniere année du treiziéme siécle. Au reste, les lumieres qu'ils nous donnent sur un événement de cette importance, sont si obscures & si bornées, qu'ils ne nous apprennent pas même de quelle profession étoit ce *Flavio* ou ce *Gira*, ni par quelle voye il parvint à cette connoissance.

D'ailleurs de quelque utilité quelle soit devenue pour le genre humain, elle ne fut pas fort avantageuse à son inventeur, puisqu'on borne cette premiere découverte à la proprieté directive de l'aimant, sans qu'il fût question de la faire servir aux usages de la navigation. Il ne paroît pas même qu'on ait été bien plus loin; car on trouve au contraire qu'il se passa plus d'un siécle avant que l'usage de la bouffole fût établi, soit que le secret n'eût pas été publié tout d'un coup, soit qu'on n'y prît point d'abord assez de confiance, & qu'on n'osât se hazarder trop loin sur mer, après s'être accoutumé depuis si long-tems à ne jamais perdre la terre de vûe.

La composition de la bouffole étoit un art, sans lequel il auroit peu servi d'avoir découvert une qualité directive à l'aimant ; & l'on ne trouve rien néanmoins qui nous apprenne comment cet heureux secret fut reçu par les Nations Maritimes de l'Europe, ni le tems où l'usage en fut introduit, ni les premiers avantages qu'on en tira. Il ne pouvoit être fort nécessaire dans la Méditéranée, ni dans la Baltique, ni dans toutes les mers étroites, à l'exception des cas où les vaiffeaux pourroient être écartés des côtes par la force du vent. On ne laiffoit pas de s'en servir dans ces voyages ; mais c'étoit un usage de simple précaution, qui n'y faifoit pas attacher un grand prix, & peut-être la bouffole ne paffoit-elle encore que pour un inftrument curieux qui pouvoit devenir utile, si l'on entreprenoit jamais de longs voyages, &

Part. III.   X

des découvertes aufquelles on penfoit fort peu.

Les Portugais furent les premiers Européens, qui formerent cette entreprife ; mais ce fut Colomb qui eût le premier affez de courage & de hardieffe pour s'éloigner de la terre, & fi l'on me permet cette figure, pour s'élancer au milieu de l'eau, avec une aiguille aimantée pour guide.

En rapprochant toutes ces circonftances de l'électricité, on y trouve à peu de chofes près la plus exacte conformité.

D'abord même incertitude pour le tems, où elle a commencé à être découverte, & pour l'Auteur. On fçait bien que du tems de Thalés, qui vivoit 600 ans avant Jefus-Chrift, on connoiffoit à l'ambre jaune une faculté attractive ; mais qui eft celui qui s'en foit le premier apperçu, l'antiquité n'en fait aucune mention. Thalés donc, & après lui Théophrafte, ont admiré cette qualité dans l'ambre, mais fimplement comme une chofe qui pouvoit fervir d'amufement aux curieux. Près de deux mille ans fe font écoulés ainfi dans la pure curiofité, & Gilbert, Anglois, eft le premier qui dans ces derniers tems ait ofé lui donner quelque étendue, & qui ait reconnu qu'il y avoit beaucoup d'autres corps qui poffedoient cette vertu.

L'attraction en elle-même étoit peu de chofe, & eût été regardée avec raifon comme fort inutile, fi l'on n'eût inventé la machine électrique telle que nous l'avons aujourd'hui, par laquelle on eft parvenu à connoître la répulfion, la propagation, la communication dans le dégré où on les voit aujourd'hui. Quoique cette matiere ait paru de nos jours, on n'en peut cependant déterminer au jufte l'inventeur, plufieurs Sçavans de differente Nation y ayant contribué pour quelque chofe ; de forte que je ne répondrois pas que dans quelques cens ans d'ici, les Hiftoriens n'attribuaffent, comme pour l'aiguille aimantée, cette gloire à plufieurs, les uns à Otto-Guefick, d'autres à Boyle, d'autres à Hauskbée, &c. qui y ont tous eu un peu de part ; mais dont aucun d'eux ne peut fe glorifier privativement aux autres. Cette prédiction paroît d'autant mieux fondée, qu'à préfent même on commence déja à douter fi c'eft M. Mufchembroëch, qui ait découvert la commotion, on prétend en gratifier un certain Bourgeois de Leyde, nommé *Cuneus* ; sans doute qu'on prévoyoit qu'il devoit figurer avec l'habitant d'Amalfi, dont nous venons de parler au sujet de la boussole.

Quoiqu'il en soit, cette commotion électrique a paru bien suivre la route de la qualité directive de l'aimant, soit pour le peu de confiance que quelques Physiciens ont tâché d'inspirer à son égard, quand il a été question d'en faire l'application pour la guérison de certaines maladies, soit par la terreur panique qu'ils ont essayé de répandre dans l'esprit de ceux qui se seroient prêtés de bonne grace à en faire les épreuves sur eux - mêmes. Ceux qui croiront que j'exagére dans la comparaison, n'ont qu'à se rappeller ce qu'en ont dit l'Auteur des Observations, & le Physicien de Chartres.

Comme sans la boussole l'aimant n'eût conduit à rien, quel avantage de même retireroit-on de l'électricité, si l'on ne travailloit à l'introduire au besoin dans les corps pour exciter & faire revivre par le moyen des étincelles & de la percussion, le mouvement & le sentiment dans les membres privés de l'un & de l'autre ? ou mieux encore par les intonacatures & tranf-miſſion des remédes, porter la guéri-ſon juſqu'aux parties les plus cachées, les plus ſecrettes, & les plus inacceſſi-bles par toutes autres voyes.

A voir le peu d'empreſſement que l'on a préſentement à acquérir des con-noiſſances ſur ce point tant en France qu'en Angleterre, Allemagne, Hol-lande, &c. on pourroit juger que l'on ne regarde pas l'électricité médicale comme fort néceſſaire, à l'exemple de ceux qui habitoient la Méditéranée, la Baltique & les Mers étroites, qui ne regardoient leur bouſſole que comme un bijou, qui pouvoit un jour être de quelque valeur.

Les Italiens ſeront donc les ſeuls qui auront eu le courage d'entrepren-dre & de réuſſir à rendre les deux plus ſurprenantes découvertes, qui ayent paru dans le monde utiles au genre humain. C'eſt un Génois, Chriſtophe Colomb, qui le premier a tenté de traverſer les mers à l'aide de l'aiguille aimantée; c'eſt un Vénitien, M. Pivati, qui le premier auſſi a eſſayé de faire pénétrer les remédes dans le corps hu-main par une voye inconnue juſqu'à lui, qui eſt l'électricité médicale.

On ne manqua pas de gloſer beaucoup ſur le voyageur maritime, de
l'accuſer de folie, de s'abandonner
ainſi à la fureur des flots, dans la chi-
mérique penſée, qu'il pourroit trouver
des continens, une terre, des animaux, des hommes ſemblables à ceux
qu'il quittoit, lorſque la nature ſembloit lui annoncer poſitivement le contraire, par la barriere invincible qu'elle lui oppoſoit, je veux dire cette étendue immenſe d'eaux, qui tantôt en
forme de montagnes inacceſſibles, tantôt en forme de vallées, comme autant
de précipices affreux, ſembloit lui dire
qu'il n'y avoit plus rien au-delà à rencontrer, ſinon la mort aſſûrée de ceux
qui ſeroient aſſez téméraires pour oſer
tranſgreſſer de pareilles limites. Colomb part néanmoins, il avance, les
dangers & les périls, quoique ſe pré-
ſentans en foule devant ſes yeux, ne
l'effrayent point, ſoutenu qu'il étoit
par l'eſpérance; à la fin il découvre
quelque choſe qui ne lui paroiſſoit
aucunement être de l'eau : plus il exa-
mine, plus il ſe confirme dans ſa
croyance, il approche de plus près, &
reconnoit des rochers ſemblables à ceux

qu'il avoit vûs, des terres, des bois, des hommes à la vérité un peu differens de lui & de notre Nation, mais qui lui fembloient former la même efpéce. Tranfporté hors de lui-même, il s'écrie : J'étois donc bien dans l'erreur, lorfque je croyois que la terre que j'habitois étoit l'unique qu'il y eût au monde ? Mes Concitoyens étoient donc auffi aveugles, auffi infenfés que moi ? ma propre expérience m'a détrompé du contraire ; allons, s'il fe peut, les faire auffi revenir de leur égarement.

A peine Colomb eft-il de retour, qu'il fe met à prêcher fes découvertes. On l'écoute ; les chofes admirables qu'il raconte lui en gagnent d'abord un grand nombre. Chacun veut fe convaincre par foi-même, & aller être le témoin de femblables merveilles. Mais quelques demi-Sçavans rangés dans un coin, s'érigent en Examinateurs & en Cenfeurs. Ils commencent par faire naître des doutes fur les relations du Voyageur, ils les fortifient par des conjectures & des vraifemblances ; ils citent tels & tels qui avoient entrepris pareils voyages avant lui, & qui n'avoient rien vû ; ils font

X iiij

un enchaînement de fophifmes, de probabilités, d'ambigus, de poffibilités ou impoffibilités, fi bien ou mal agencés, qu'ils ramenent tout le monde de leur côté, & que Colomb & fes fidéles compagnons étoient à la veille d'être traités comme des vifionaires, des féducteurs & des foux, s'il ne s'en étoit trouvé dans le grand nombre d'affez réfolus pour fuivre le nouveau Pilote, & s'afsûrer par eux-mêmes de la vérité. Quand ces derniers revinrent annoncer la même chofe, pour le coup les fophiftes eurent bouche clofe, & peu s'en fallut qu'ils ne fuffent des victimes immolées à la gloire des Conquérans du nouveau monde. Je ne jurerois pas qu'un jour on n'ait une pareille hiftoire à raconter au fujet de l'électricité médicale; nous avons déja une partie des Mémoires néceffaires pour la commencer, il faut efpérer que le tems nous fournira le refte.

M. Pivati eft le Colomb de l'électricité médicale, à l'aide de fes cylindres enduits, il eft parvenu à faire plufieurs guérifons éclatantes; les Contradicteurs cherchent à l'accabler fous le poids de leurs incertitudes qu'ils font naître de jour en jour, les uns par des oüi-dires, les autres par des apparences, ceux-ci par des inductions conjecturales, ceux-là par des argumens à *pari* ou à *fortiori*. Deux ou trois de ses Auditeurs moins prévenus, commencent déja à certifier les faits, tels que M. Bianchi, Veratti, & même M. Wincler, Professeur de Leipsich, que l'on soupçonne un peu aussi d'y adhérer; il n'y a plus qu'un pas, qui est de faire encore une fois de pareils essais, & pour lors on ne doutera non plus de l'efficacité de l'électricité médicale, que de l'existence de l'Afrique; les guérisons merveilleuses dont on a parlé, ne paroîtront non plus difficiles à croire que les Antipodes, qui avant Colomb auroient passé pour des chimeres, comme avant M. Pivati les effets de l'électricité médicale sur le corps humain, n'auroient été regardés que comme des fables.

Enfin pour terminer notre comparaison, disons encore un mot de la boussole. On lit avec étonnement que dans le treiziéme siécle toute l'Europe étoit persuadée que les montagnes de Nubie & que la source du Nil, qui avoit été connue sept cens ans auparavant du tems du Moine *Cosmas*, passoient alors pour une découverte im-

poſſible ; que dis-je, dans le ſiécle même où l'Orient & l'Occident parurent
comme à découvert, les Voyageurs ra-
contoient que la ſource du Nil étoit
dans les Indes , où ils l'avoient effectivement cherchée, & qu'au-delà la terre
n'avoit plus d'habitans.

On ne ſçauroit prétendre que ſans
l'invention de la bouſſole , nous aurions toujours ignoré les côtes de l'A-
ſie , qui ont été connues des Romains ,
& celles d'Afrique qu'ils n'ont pas
connues ; mais je ne fais pas difficulté
d'aſſûrer que ſans cet admirable inſ-
trument , nous n'aurions jamais découvert l'Amérique , ou du moins nous
n'aurions jamais pû établir de communication entre cette partie du monde
& la nôtre , quand le hazard nous l'auroit fait découvrir ; & s'il reſte quelque Pays dont les côtes nous ſoient encore inconnues , dans quelque tems
qu'il ſorte de l'obſcurité , c'eſt à la
bouſſole que nous en aurons l'obligation.

Ne pourroit-on pas dire de même
dans quelques ſiécles d'ici à la gloire
de l'électricité , que dans celui où nous
vivons , non-ſeulement l'Europe , mais
le monde entier regardoit la guériſon

des paralytiques (pour ne me servir que de cet exemple) comme impossible, & que passé un certain tems, qui est le commencement de cette maladie, où les remédes indiqués par la médecine apportent quelquefois un peu de soulagement aux malades, il n'y avoit plus rien à espérer.

La guérison de la paralysie, de la goute ou des rhumatismes, ne pourra-t'elle pas être regardée dans la suite, comme l'Amérique de la médecine qu'on aura découvert à l'aide de l'électricité médicale ? & ne seroit-ce pas avec quelque fondement si l'on assûroit, que tant les maladies dont nous venons de parler que d'autres, que l'on regarde ordinairement comme incurables de leur nature, dans quelque tems qu'elles obéïssent aux remédes, c'est l'électricité médicale qui nous procurera cet avantage ? On en pourroit, ce semble, dès-à-présent assûrer déja quelque chose d'après l'exemple cité de ces deux hémi-plégiques de Montpellier, à qui, outre la guérison de la paralysie, l'électricité a rendu à l'un l'usage de la parole, & a rétabli la vûe à l'autre.

Il est vrai que dans ces deux cas, il

ne s'agiſſoit pas de remédes, & que c'eſt la vertu électrique elle ſeule à qui on eſt redevable de ces cures; mais c'eſt ce qui me fournit un raiſonnement de plus, & un raiſonnement invincible contre les frondeurs de l'électricité. Quand même on leur accorderoit que la tranſmiſſion des remédes ſouffre encore quelques difficultés, ayant été combattue par des perſonnes qui paſſent pour intelligentes, & qui n'ont pû réuſſir : on leur défie de révoquer en doute le pouvoir de cette vertu ſur l'hémi-plégie, la paralyſie, & pluſieurs autres maladies, d'après le grand nombre de guériſons operées récemment à Montpellier, & contre leſquelles on leur défie d'objecter aucunes raiſons légitimes, ni de faire paroître ſur la ſcéne qui que ce ſoit qui ait oſé les contredire ou les révoquer en doute. Elles ont été faites par les plus habiles Maîtres de l'Art, par de ſages & de ſçavans Médecins, en préſence d'une multitude de perſonnes ; ces guériſons ſubſiſtent au vû & ſçû de tout le monde. On ne fait pas un myſtere de la maniere dont on s'y eſt pris. On raconte jour par jour, heure par heure, la diminution & le

décroiſſement de la maladie. On la voit
d'abord réſiſter, enſuite céder, mais
petit à petit, & très-lentement, juſqu'à
ce qu'enfin l'électricité victorieuſe
vienne à bout de l'expulſer entièrement. Trois mois tout au plus ont ſuffi
pour opérer plus de vingt guériſons
éclatantes, des plus opiniâtres & des
plus difficiles, dans un tems où l'on
alloit, pour ainſi dire, encore à tâton,
où l'on employoit peut-être plus de
jours à réflechir, à chercher, à faire
des eſſais & des épreuves, qu'à attaquer bien directement le mal. Aujour-
d'hui que l'on ſçait la maniere de s'y
prendre ; quand il faut appliquer la
commotion, combien de tems il faut
la réitérer, de quels muſcles on doit
tirer des étincelles ; comment un malade doit être préparé & diſpoſé pour
recevoir utilement les influences de la
vertu électrique ; que ne doit-on pas
attendre d'un travail que l'on conti-
nueroit avec aſſiduité ? Je ne veux que
les expériences de Montpellier pour
fermer la bouche à tous les Contradicteurs, & pour fournir les plus grands
motifs d'eſpérance à ceux qui à l'avenir
prendront la réſolution de ſuivre leurs

traces, & de travailler dans le même point de vûe.

Enfin pour terminer notre parallele de l'aimant & de la vertu électrique, on remarque que depuis environ 300 ans, on a fait presque toujours de tems à autre de nouvelles découvertes avec la boussole, & que c'est à elle que nos Cartes Maritimes doivent pour la plûpart leur existence ; il faut espérer que dans un pareil nombre d'années, l'électricité n'aura pas moins fait de progrès dans son genre, que les écrits qui renfermeront les merveilles qu'elle aura operés ; surtout ceux pour le soulagement du genre humain, ne tiendront pas un des plus petits espaces, ni un des derniers rangs dans la Bibliographie médicinale.

Ce n'est pas à dire que l'on prétende par-là y assigner une place à cet Ouvrage historique ; on confesse ingénuement que ce n'a jamais été les vûes, ni l'intention de l'Auteur, étant lui-même plus convaincu que personne de son insuffisance à cet égard, & que d'ailleurs s'exprimant avec la vérité, la sincérité & la franchise, qui doit faire le caractere d'un Historien, il peut s'attendre à le voir déprimer, décrier, & peut-être mis en poudre par ceux qui croiront qu'on n'aura pas rendu assez de justice à leurs productions, ou qu'elles n'auront pas été vantées autant qu'ils s'imaginent qu'elles le méritent. Mais on le repéte, c'est la vérité qu'on a suivi uniquement pour guide, & l'on est en droit d'assûrer que ni les intérêts de la Nation, ni les connoissances particulieres, ni le respect humain n'entrent pour rien dans les loüanges qu'on a données, ou dans la petite critique qu'on a faite : ayant eu soin d'ailleurs d'user de toutes sortes d'égards envers ceux à qui on les devoit. Que si quelqu'un est véritablement fondé à croire qu'on n'a pas fait valoir suffisamment ses découvertes, on déclare que l'on sera charmé qu'il les fasse valoir lui-même, & que si le cas y échet, on lui rendra au centuple la gloire qui eût pû lui en revenir. Que s'il en est d'autres qui ne se soient pas trouvés compris dans cette collection, soit que peut-être leurs observations n'ayent pas été rendues assez publiques, ou qu'elles n'ayent pas pénétré dans cette Capitale, ou qu'enfin (comme il peut arriver) l'on

n'ait pas trouvé le moyen ni l'occasion
de s'en procurer la connoissance, on
déclare de rechef que l'on n'aura point
de plus grande satisfaction que d'en
être instruit ; que l'on peut adresser
tels Mémoires que l'on jugera à propos,
pourvû qu'ils soient francs de port,
au Libraire dont le nom est à la tête
de ce Livre, & que sûrement on leur
fera tout l'honneur qu'ils pourront dé-
sirer. S'il en est d'autres à qui les anec-
dotes particulieres & les réflexions
contenues dans cette Histoire ne plai-
sent point, soit qu'ils en accusent un
défaut de justesse, de goût, de lumiere ou d'intelligence, on leur fait les
plus vives protestations, qu'on leur
sçaura tout le gré imaginable de leur
critique. En un mot, on renouvelle à
tous ceux qui auroient travaillé, ou
qui travailleront dans la suite, principalement dans la partie de l'électricité qui concerne la guérison des maladies, & qui voudront bien faire part
de leurs découvertes (en les faisant
tenir comme on vient de le dire) que
l'on prendra un plaisir singulier à les
publier, & à leur donner tout le prix
qu'elles paroîtront mériter ; comme
aussi l'on se réserve la faculté de faire
                                appercevoir

appercevoir les méprises où ils pourroient être tombés, n'y ayant que
cette voye pour avancer sûrement &
solidement dans les sciences.

A en juger par les écrits qui ont paru
jusqu'à présent sur l'électricité, & qui
ont été presque tous contredits, de
même que les réponses multipliées
qu'on y a attribué de part & d'autre,
nous ne pouvons guére nous attendre
à subir un meilleur sort, & nous sommes si bien persuadés que nous nous
trouverons dans le cas, que c'est-là
surquoi nous comptons en partie pour
former une nouvelle suite à cette
Histoire.

Fin de la troisiéme Partie.

Part. III.   V

TABLE

De la troisiéme Partie.

Fin de la Table de la troisiéme Partie.

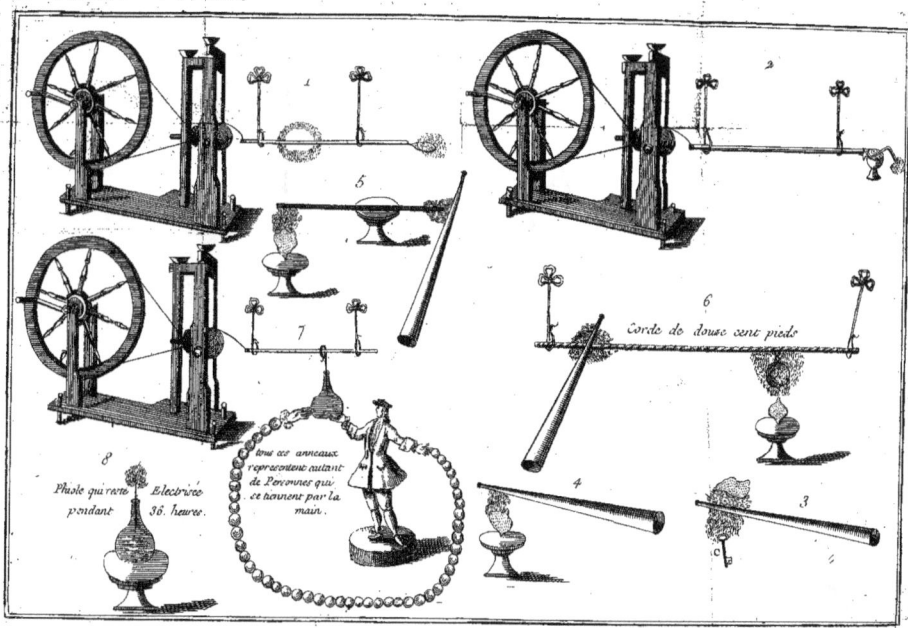

1

2

5

7

6

Corde de douse cent pieds

8

Phiole qui reste
pondant 36. heures.

Electrisée

tous ces anneaux
representent autant
de Personnes qui
se tiennent par la
main.

4

3

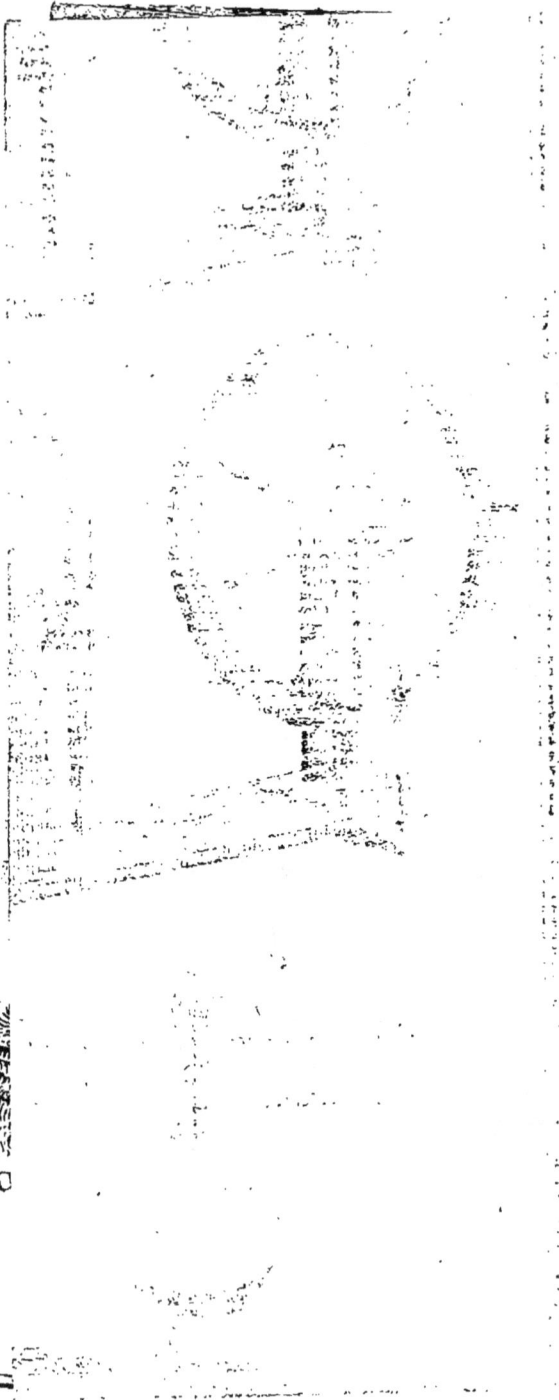

APPROBATION

De M. LAVIROTTE, Censeur Royal.

J'Ai lû par Ordre de Monseigneur le Chancelier un Manuscrit intitulé *Histoire générale & particuliere de l'Electricité*, & j'ai crû qu'on pouvoit en permettre l'impression.

A Paris, le 13 Juillet 1751. LAVIROTTE.

PRIVILEGE DU ROI.

LOUIS, par la grace de Dieu, Roi de France & de Navarre, à nos amés & féaux Conseillers les Gens tenans nos Cours de Parlement, Maîtres des Requêtes ordinaires de notre Hôtel, grand Conseil, Prevôt de Paris, Baillifs, Sénéchaux, leurs Lieutenans Civils & autres nos Justiciers, qu'il appartiendra. SALUT. Notre amé le Sieur ***, Nous a fait exposer qu'il désireroit faire imprimer & donner au Public un Ouvrage qui a pour titre : *Histoire générale & particuliere de l'électricité* ; s'il Nous plaisoit lui accorder nos Lettres de Priviléges pour ce nécessaires. A CES CAUSES, voulant favorablement traiter l'Exposant, Nous lui avons permis & permettons par ces Présentes de faire imprimer ledit Ouvrage en un ou plusieurs Volumes & autant de fois que bon lui semblera, & de le faire vendre & débiter par tout notre Royaume pendant le tems de six années consécutives, à compter du jour de la datte des Présentes ; faisons défense à tous Imprimeurs, Libraires & autres personnes, de quelque qualité & condition qu'elles soient, d'en introduire d'impression étrangere dans aucun lieu de notre obéïssance ; à la charge que ces Présentes seront enregistrées tout au long sur le Registre de la Communauté des Imprimeurs & Libraires de Paris, dans trois mois de la datte d'icelles : que l'impression dudit Ouvrage sera faite dans notre Royaume & non ailleurs, en bon papier & beaux caracteres conformément à la feüille imprimée attachée pour modéle, sous le contrescel des Présentes ; que l'Impétrant se conformera en tout aux Réglemens de la Librairie, & notamment à celui du 10 Avril 1725 ; qu'avant de l'exposer en vente le Manuscrit qui aura servi de copie à l'impression dudit Ouvrage sera remis dans le même état où l'approbation y aura été donnée ès mains de notre très-cher & féal Chevalier Chancelier de France le Sieur DE LAMOIGNON, & qu'il en sera ensuite remis deux Exemplaires dans notre Bibliothéque publique, un dans celle de notre Château du Louvre ; un dans celle de notredit très-cher & féal Chevalier Chancelier de France le Sieur DE LAMOIGNON, & un dans celle de notre très-cher & féal Chevalier Garde des Sceaux de France, le Sieur DE MACHAULT, Commandeur de nos ordres, le tout à peine de nullité des Présen-

tes ; du contenu desquelles vous mandons &
enjoignons de faire joüir ledit Exposant & ses
ayant causes pleinement & paisiblement ,
sans souffrir qu'il leur soit fait aucun trouble
ou empêchement ; voulons que la copie des
Présentes qui sera imprimée tout au long au
commencement ou à la fin dudit Ouvrage ,
foi soit ajoûté comme à l'Original. Comman-
dons au premier notre Huissier ou Sergent
sur ce requis, de faire pour l'exécution d'icelles tous actes requis & nécessaires, sans demander autre permission , & nonobstant cla-
meur de Haro , charte Normande , & Lettres
à ce contraires. Car tel est notre plaisir. Donné à Versailles , le dix-septiéme du mois de
Mars, l'an de grace mil sept cens cinquante-
un , & de notre régne le trente-sixiéme.

Par le Roi en son Conseil.
SAINSON.

Regiftré sur le Regiftre douze de la Chambre
Royale & Syndicale des Libraires & Imprimeurs
de Paris , N°. 781. fol. 626. conformément aux
anciens Réglemens , confirmés par celui du 28
Février 1723. A Paris, ce 25 Avril 1752.

G. HERISSANT, Adjoint.

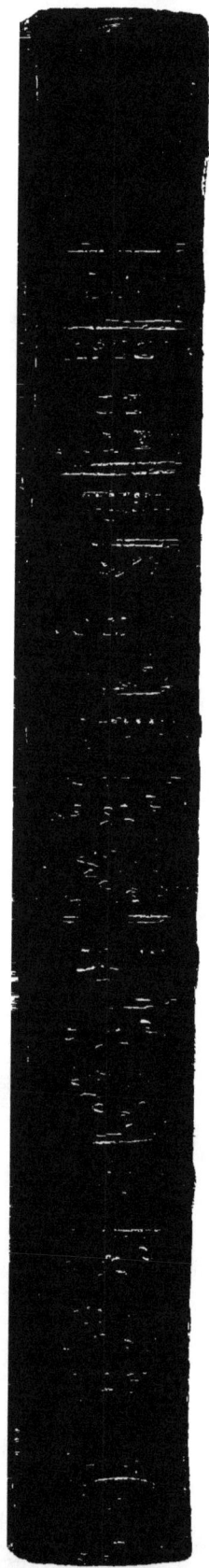

www.ingramcontent.com/pod-product-compliance
Lightning Source LLC
Chambersburg PA
CBHW070255200326
41518CB00010B/1797